煤层气勘探开发理论技术与实践系列丛书
中国地质大学(武汉)学科杰出人才基金项目(102-162301192664)
国家科技重大专项大型油气田及煤层气开发课题和专题
山 西 省 科 技 重 大 专 项 项 目

煤层气排采工程

MEICENGQI PAICAI GONGCHENG

王生维 李 瑞 肖宇航 著

图书在版编目(CIP)数据

煤层气排采工程/王生维等著. —武汉：中国地质大学出版社，2019.11
（煤层气勘探开发理论技术与实践系列丛书）

ISBN 978-7-5625-4620-7

Ⅰ.①煤…
Ⅱ.①王…
Ⅲ.①煤层-地下气化煤气-油气开采
Ⅳ.①P618.11

中国版本图书馆 CIP 数据核字(2019)第 187628 号

煤层气排采工程	王生维　李　瑞　肖宇航　著
责任编辑：彭钰会	责任校对：徐蕾蕾
出版发行：中国地质大学出版社（武汉市洪山区鲁磨路 388 号）	邮政编码：430074
电　　话：(027)67883511　　传真：67883580	E-mail：cbb@cug.edu.cn
经　　销：全国新华书店	http://cugp.cug.edu.cn
开本：787 毫米×1092 毫米 1/16	字数：314 千字　印张：12.25
版次：2019 年 11 月第 1 版	印次：2019 年 11 月第 1 次印刷
印刷：荆州鸿盛印务有限公司	印数：1—1000 册
ISBN 978-7-5625-4620-7	定价：168.00 元

如有印装质量问题请与印刷厂联系调换

煤层气勘探开发理论技术与实践系列丛书

编委会名单

主　　　任：王生维

副　主　任：乌效鸣　王峰明　李　瑞
　　　　　　陈立超　张　洲　吕帅锋

编委会成员：（以姓氏笔画排序）

　　　　　吕　凯　刘少杰　刘　伟　刘旺博
　　　　　刘和平　刘建华　孙钦平　杨青雄
　　　　　杨　健　李俊阳　肖宇航　何俊铧
　　　　　谷媛媛　张　明　张典坤　张晓飞
　　　　　张　晨　陈文文　陈安东　孟　欣
　　　　　赵俊芳　胡　奇　侯光久　贺　飞
　　　　　袁　铭　晁巍巍　唐江林　熊章凯
　　　　　董庆祥　韩　兵　粟冬梅　谢湘军

总 序

我国的煤层气产业经过国家"八五"到"十三五"规划期间近30年的科技攻关与工程实践,已经建成了沁水盆地南部、鄂尔多斯盆地北部和东缘等煤层气田,同时在新疆、贵州、东北等煤区也形成了一定的煤层气产能。目前煤层气勘探开发技术已经延伸到煤矿生产过程中利用地面工程治理采煤工作面煤层气领域。

煤层气勘探开发长期实践极大地促进了我国煤层气勘探开发理论水平的提高和工程技术的不断创新。作为我国煤层气勘探开发长期实践的亲历者,本课题组成员在先期参与全国各主要煤层气区勘探工程的基础上,又陆续参与了沁水盆地南部、内蒙古、新疆等煤区的煤层气勘探开发实践。本丛书在系统总结现有煤层气勘探开发理论认识和实践经验基础上,集中展现了作者团队在煤层气勘探开发方面积累的系列研究成果,主要包括煤层气勘探开发选区、煤储层评价原理与技术、煤层气藏地质、煤层气井钻井工艺技术、煤储层水力压裂裂缝延展机理以及煤层气排采工程。

煤层气勘探开发的成败在很大程度上取决于对煤层气藏地质条件认识的深刻程度,取决于所采用的工程技术措施是否适合于拟勘探开发的煤层气藏地质条件。在构成煤层气藏地质的所有要素中,首先是煤储层的煤体结构及其对应的大裂隙系统发育特征,不仅对煤层气藏赋存起着至关重要的控制作用,而且深刻影响着工程技术措施的效果;其次是煤层气藏的含气性和构造、水文地质等封闭保存条件,在煤层气勘探开发过程中的钻井、压裂和排采工程环节,对煤层气的顺利产出也起着决定性作用。因此,煤层气勘探开发必须将煤层气藏地质认识与一系列工程措施有机结合,才可能获得比较理想的勘探开发效果。

我国煤层气藏地质条件比较复杂,在长期的煤层气勘探开发实践中,遇到过各种各样的特殊地质条件和工程技术难题,积累了许多成功的经验,包括地质理论认识和工程技术实践经验,建成了一批高产煤层气井;但是也存在不少低产煤层气井。认真回顾和总结煤层气开发的经验教训,形成比较系统的煤层气开发工程认识成果,是编著《煤层气勘探开发理论技术与实践系列丛书》的初衷,旨在指导和促进煤层气勘探开发理论和技术水平的提高,更好地培养煤层气勘探开发工程的技术人才。

中国地质大学(武汉)煤层气勘探开发研究团队起步于1992年的国家"八五"科技项目,长期坚持煤层气藏地质认识与开发工程的有机结合,先后完成了国家"973"课题、"十一五"和"十二五"国家科技重大专项中大型油气田与煤层气开发的课题,以及企业委托项目等。本团队的煤层气勘探开发研究经历大致为:①研究煤储层特征、勘探选区、钻井液及压裂液污染防护的起步跟踪阶段;②研究煤储层大裂隙系统、压裂煤层气井开挖跟踪观测、煤层气开发井产能和生产历史综合分析的发展阶段;③研究和实践煤层气开发新井型、在气藏条件复杂煤区开发煤层气、研发部分新探测仪器等的创新阶段。长期不懈的科研生产实践形成了一系列的理论认识和技术成果。

《煤储层岩石物理研究与煤层气勘探选区》从煤储层的孔隙、裂隙系统研究入手,提出了依托矿井人工煤储层露头进行煤储层岩石物理和煤层气藏研究的技术方法体系,促进了煤层气藏封闭特征、煤储层可改造性、煤层气可采性、煤层气富集与高产影响因素的分析和预测。

《煤储层物性控制机理及有利储层预测方法》在沁水盆地南部详细的煤储层观测研究的基础上,发现并阐述了煤储层内部的天然大裂隙系统。

《煤储层评价原理技术方法及应用》在研究煤储层的孔隙及大裂隙系统发育特征的基础上,发现了小微构造与煤储层大裂隙系统发育特征之间的关系,总结了煤储层评价在煤层气开发与瓦斯防治中的应用,介绍了煤层气藏的主要探测技术。

《中国若干煤区煤层气藏地质》以沁水盆地南部、内蒙古和新疆等煤区的煤层气藏地质研究为例,总结了煤储层大裂隙系统的发育特征、煤层气藏围岩与煤储层大裂隙系统之间的关系,研究了煤层气藏封闭保存、煤层水、煤层气成藏、典型煤层气藏的特征及其描述方法。

《煤与煤层气钻井工艺》在系统总结以往多年煤层气钻井工艺技术的基础上,重点阐述了获取煤芯技术、控向钻进技术、复杂煤系地层井眼护壁稳定及钻井液技术。

《煤储层水力压裂裂缝延展机制》在总结水力压裂煤层气井开挖解剖成果的基础上，阐述了煤储层水力压裂裂缝延展与内部充填特征、煤储层压裂液"滤失"特征及机理，研究了煤储层水力压裂裂缝延展机制、煤储层压裂裂缝充填机制。

《煤层气排采工程》在系统分析煤储层导流裂缝系统和煤层气井流体产出规律的基础上，结合煤层气井排采成功的工程实践，总结了煤层气井不同产出阶段的特征以及复杂流体通道排采响应特征。另外，在总结排采过程的高产稳产控制措施经验的基础上，提出了独到的理论认识和技术方法。

《煤层气开发技术与实践》以沁水盆地南部煤层气开发为例，从煤层气藏地质、煤层气井钻井、煤储层压裂增产、煤层气井排采、煤层气井集输等方面系统的阐述了我国高煤阶煤层气开发工程技术突破的历史过程。

本丛书较系统地总结了我国以沁水盆地南部、内蒙古和新疆等煤区为代表的煤层气勘探开发方面的理论技术和工程实践的成果，既有煤储层和煤层气藏等方面的理论认识，又有钻井、压裂、排采工程技术的实践经验。在编写方面强调科学性、实用性和可操作性，可供从事煤层气开发工程的管理者和科技人员参考，也可作为高等教育的参考教材。

在本丛书的出版之际，对参与丛书撰写、出版和曾经给予大力支持的所有单位和个人，一并致以衷心的感谢！

鉴于著者水平有限，书中难免存在不完善之处，敬请读者批评指正。

著 者
2017 年 9 月

前　言

我国现有煤层气生产井18 000多口,最早投产的煤层气井已经生产了22年。对于我国早期的无烟煤区的煤层气开发而言,经历了煤层气地质与勘探开发评价,煤层气开发工程中的钻井、压裂和排采的全过程,更重要的是需要经历一个煤层气井排采的完整周期。

著者团队最初是从煤储层岩石物理研究为切入点参与我国煤层气勘探以及大规模煤层气开发实践中的。在长期的生产实践中,团队追随生产问题导向逐步深入到煤层气开发工程之中,开始研究煤层气钻井中的井眼稳定性与污染问题的成因与解决对策,压裂裂缝的延展与压裂工艺问题,煤层气井排采中的煤粉成因与对策,合层排采的分层贡献问题,等等。

通过大量煤矿工作面的揭露开挖、废弃煤层气井的系统揭露与系统解剖,著者发现,尽管不同煤级的煤储层内部的裂缝与孔隙特征差异显著,但均不同程度发育有外生节理、内生裂隙和微裂隙组成的天然大裂隙系统。对煤层气井排采而言,煤储层最主要的特性是它特有的裂缝型储层。研究表明,煤储层具有很强的煤岩组分、煤级及小微构造选择性。煤层气藏具有低压、低渗、低饱和度等特征,煤储层具有极低机械强度、高泊松比的特点。这种特殊裂缝系统体现在煤层气藏方面的显著特点,就是煤层气藏内部的游离气比例与裂缝系统发育程度及封闭条件关系密切。煤层气藏的封闭具有多级性和自封闭等特点,表现在区块尺度内含气饱和度差异显著。

煤储层表现在煤层气井钻井工程中的特点是:钻井井壁稳定性差,极易扩大孔径和坍塌;钻井液对裂缝污染比预想的严重,而且多半是不可恢复的;在水力压裂过程中,原有裂缝系统及现今地应力场对压裂效果的影响不仅控制压裂液流动通道的长度和方向,同时也影响到导流裂缝的条数,压裂液所携带的动能分布控制着压裂效果。

煤储层特征不仅影响排采工程施工的效果,同时在煤储层内部裂缝系统中常常伴有大量"煤粉"源。在钻井、压裂的过程中,在流体通道中形成煤粉,对煤层气影响严重排采。煤储层内部的多级裂缝系统具有明显的曲折性和脆弱性,而且不同区块的煤储层的差异显著。这些煤储层内部裂缝系统和流体特征构成了合理排采制度确定的客观基础。针对煤层气井排采过程中导流通道系统的复杂性和脆弱性,流体成分多为三相流特点,如何建立节能的排采制度目前还需要深入探讨。

通过多年大量的煤储层研究和开发实践的反复比较验证,著者认为,基于裂缝型储层的理论及模型来认识和解决煤层气井生产中的实际问题比较符合实际。本书试图用现有的渗流理论来刻画和表达裂缝型储层内的流体通道、流体流动特征。通过揭示内部关键导流裂缝通道原始特性,以及在钻井、压裂和流体排出环节中的表现,尝试建立煤层气排采工程的理论框架。

本书共分九章,其中第一章、第五章、第六章、第七章由王生维执笔,第二章由张洲、李瑞执笔,第三章由李瑞执笔,第四章由肖宇航执笔,第七章、第八章由王生维、李瑞执笔,第九章由李瑞执笔。全书由王生维统稿完成。

著者衷心感谢山西晋城无烟煤煤业集团有限责任公司及其下属的寺河矿、成庄矿等单位在现场观测中给予的帮助和支持!衷心感谢山西蓝焰煤层气集团有限责任公司、中石油华北油田山西煤层气有限责任公司、新疆维吾尔自治区煤田地质局等在现场解剖和基础研究方面提供的大力帮助。感谢王保玉、朱庆忠、徐凤银、王德璋、李瑞明、姚红星、李梦溪、李国富、田永东、韦波、王峰明、赵彬、尹淮新、安庆、谢湘军、吴斌、卫金善、吴光亮等专家同行的大力支持与帮助。

本专著得到"中国地质大学(武汉)学科杰出人才基金项目(102-162301192664),国家科技重大专项"大型油气田及煤层气开发"(2011ZX05034-002)课题、(2016ZX05067001-007)专题、(2016ZX05043003-004)专题、(2016ZX05043001-001)专题、(2016ZX05041002-002)专题、(2016ZX05042002)课题,山西省煤基重点科技攻关项目(MQ2014-04)、(MQ2014-06),山西省科技重大专项课题(20181101013-004),以及山西省煤层气联合研究基金(2014012011)、(2016012007)的资助,对此表示感谢!

由于著者水平有限,书中难免存在不足之处,恳请读者批评指正。

著 者

2019 年 11 日

目 录

第一章 绪 论 (1)
第一节 概 述 (1)
第二节 煤层气排采工程中的若干问题 (2)

第二章 煤储层大裂隙系统发育特征及其对排采的控制作用 (6)
第一节 煤储层大裂隙系统发育特征 (6)
一、煤储层大裂隙系统的概念 (6)
二、煤储层大裂隙系统的组成要素 (7)
三、控制裂隙发育的主控因素 (11)
四、典型矿区煤储层大裂隙系统发育特征 (13)
第二节 影响煤储层大裂隙系统发育的地质因素 (18)
一、煤储层大裂隙系统形成机制 (18)
二、影响煤储层大裂隙系统发育的地质因素 (21)
第三节 煤储层大裂隙系统对煤层气排采的控制作用 (24)
一、煤储层大裂隙系统在煤层气排采中的控制作用 (24)
二、煤储层大裂隙系统对煤层气产能影响实例 (27)

第三章 煤层气排采产气原理与压降特征 (28)
第一节 煤层气产出裂隙通道 (28)
一、压裂主干裂缝 (28)
二、天然大裂缝系统 (29)
三、基质微裂隙 (30)
第二节 煤层气排采原理 (30)

一、煤层气的解吸 ……………………………………………………………………（30）

　　二、煤层气的扩散 ……………………………………………………………………（32）

　　三、煤层气在裂隙系统中的渗流 ……………………………………………………（34）

　　四、煤层气在井筒中的运移 …………………………………………………………（34）

　第三节　煤层气井生产阶段的划分 ………………………………………………………（35）

　第四节　排采过程中煤储层压降动态变化规律 …………………………………………（36）

　　一、压降传递过程 ……………………………………………………………………（36）

　　二、压降传递方式 ……………………………………………………………………（38）

　　三、压降传递影响因素 ………………………………………………………………（39）

　第五节　实例分析 …………………………………………………………………………（42）

　　一、沁水盆地南部樊庄矿区煤层气井生产分析 ……………………………………（42）

　　二、贵州平桥PQT-1井生产分析 …………………………………………………（45）

　　三、新疆阜康FSL-2井生产分析 …………………………………………………（48）

第四章　煤层气排采设备与人工举升方法 …………………………………………………（50）

　第一节　煤层气井排采设备主要类型 ……………………………………………………（50）

　第二节　有杆泵举升设备 …………………………………………………………………（51）

　　一、抽油机有杆泵 ……………………………………………………………………（51）

　　二、地面驱动螺杆泵 …………………………………………………………………（54）

　第三节　无杆泵举升设备 …………………………………………………………………（56）

　　一、电动潜水离心泵 …………………………………………………………………（56）

　　二、水力活塞泵 ………………………………………………………………………（57）

　　三、水力射流泵 ………………………………………………………………………（59）

　第四节　其他举升方式 ……………………………………………………………………（60）

　　一、气举 ………………………………………………………………………………（60）

　　二、电潜螺杆泵 ………………………………………………………………………（60）

　　三、直线电机 …………………………………………………………………………（61）

第五章　煤层气井流体产出动态变化 ………………………………………………………（64）

　第一节　沁水盆地南部煤层气井生产曲线特征 …………………………………………（64）

　　一、沁水盆地南部煤层气藏地质条件 ………………………………………………（64）

二、沁水盆地南部晋城矿区煤层气生产曲线特征及类型 ……………………………… (66)

第二节 沁水盆地西北缘煤层气井生产曲线特征 …………………………………………… (75)

一、沁水盆地西北缘煤层气地质特征 ……………………………………………………… (75)

二、沁水盆地西北缘古交矿区煤层气井生产曲线特征 …………………………………… (77)

第三节 新疆阜康地区煤层气井生产曲线特征 ……………………………………………… (79)

一、新疆阜康地区煤层气藏地质条件 ……………………………………………………… (79)

二、新疆阜康地区煤层气井产气、产水曲线特征 ………………………………………… (81)

第六章 煤粉来源、产出及防控 …………………………………………………………………… (85)

第一节 煤粉成因研究 …………………………………………………………………………… (85)

第二节 煤粉特征研究 …………………………………………………………………………… (86)

一、晋城矿区顺层、断层煤粉特征 ………………………………………………………… (86)

二、新疆煤粉的发育特征 …………………………………………………………………… (89)

第三节 煤粉运移 ………………………………………………………………………………… (95)

一、煤粉的分离 ……………………………………………………………………………… (95)

二、煤粉的启运 ……………………………………………………………………………… (95)

三、煤粉的运移通道 ………………………………………………………………………… (96)

第四节 煤粉产出特征 …………………………………………………………………………… (100)

一、煤粉产出量动态变化规律 ……………………………………………………………… (100)

二、煤粉粒径产出规律 ……………………………………………………………………… (102)

三、煤粉产出量影响因素 …………………………………………………………………… (104)

第五节 煤粉防治措施 …………………………………………………………………………… (105)

一、加强煤储层地质研究,避开原生煤粉源 ……………………………………………… (105)

二、研制便携式煤粉产出定量测定装置,制定煤粉预警措施 …………………………… (106)

三、排采控压控粉措施 ……………………………………………………………………… (106)

四、倾斜煤层顺煤层井型控粉 ……………………………………………………………… (107)

第七章 煤层气开发工程工艺技术对产能的影响 ……………………………………………… (108)

第一节 开发工艺对煤层气井产能的影响 …………………………………………………… (108)

一、排采制度对煤层气井产能的影响 ……………………………………………………… (108)

二、小微构造对煤层气水平井排采的影响 ………………………………………………… (109)

三、小微构造对水平井井眼稳定性的影响 …………………………………………… (112)
　　四、内蒙古煤储层完井技术对煤层气井产能的影响 …………………………………… (116)
　　五、新疆煤储层完井工艺对煤层气井产能的影响 ……………………………………… (119)

第二节　增产措施对煤层气井产能的影响 ………………………………………………… (122)
　　一、解堵性二次水力压裂增产技术 …………………………………………………… (122)
　　二、多分支水平井氮气泡沫解堵技术 ………………………………………………… (123)
　　三、解除直井近井污染的挤注解堵技术 ……………………………………………… (126)

第三节　急倾斜煤层煤层气井开发井型 …………………………………………………… (127)
　　一、垂直井和顺煤层井排采过程中流体运移特征对比 ……………………………… (127)
　　二、垂直井和顺煤层井开发效果对比 ………………………………………………… (130)

第八章　煤层气井排采动态监测装置与工艺技术 ………………………………… (132)

第一节　井底流压监测装置与工艺技术 …………………………………………………… (132)
　　一、电子压力计原理 …………………………………………………………………… (132)
　　二、电子压力计类型 …………………………………………………………………… (133)
　　三、影响井底流压测定可靠性与稳定性因素 ………………………………………… (133)

第二节　井筒流体多参数监测设备与工艺技术 …………………………………………… (134)
　　一、监测原理 …………………………………………………………………………… (134)
　　二、探测仪主要技术参数 ……………………………………………………………… (135)
　　三、探测仪结构组成 …………………………………………………………………… (136)
　　四、井筒气水两相流体关键参数探测 ………………………………………………… (138)
　　五、应用 ………………………………………………………………………………… (141)

第三节　煤层含气量动态监测装置与工艺技术 …………………………………………… (142)
　　一、煤层含气性超低频电磁探测原理 ………………………………………………… (142)
　　二、煤层含气性超低频电磁探测仪器组成及特点 …………………………………… (142)
　　三、应用实例 …………………………………………………………………………… (143)

第四节　规模化智能排采监测技术 ………………………………………………………… (144)
　　一、规模化智能排采监测的必要性 …………………………………………………… (144)
　　二、智能排采监控系统功能与原理 …………………………………………………… (144)
　　三、智能排采监控系统应用实例 ……………………………………………………… (145)

第九章　煤层气井精细排采控制 （147）

第一节　煤层气井排采精细控制的理论基础 （147）
一、煤层气的解吸、扩散与渗流 （147）
二、煤储层物性动态变化 （148）
三、储层伤害 （149）
四、煤粉的运移 （150）
五、合理套压 （151）
六、排采增产 （151）

第二节　排采属性评价 （153）
一、煤层气藏排采属性评价的概念 （153）
二、煤层气藏排采属性评价的内容 （153）

第三节　排采过程中各阶段控制要点 （158）
一、各阶段排采控制技术要点 （158）
二、套压阈值在煤层气排采中的作用 （159）

第四节　煤层气合层排采特征及控制 （161）
一、流体产出特征 （161）
二、影响产气的主要工程控制因素 （164）
三、合层排采井泵挂深度调整与井筒压降优化措施 （166）

主要参考文献 （168）

第一章 绪 论

第一节 概 述

20 世纪 80 年代,随着煤层气勘探开发全面展开,我国煤层气井排采工程开始起步。由于早期煤层气勘探井数量少,而且排采时间很短(一般在 6 个月以下),排采工艺技术主要参考美国的工艺实践,主要以有杆泵为主,还没有开始系统研究煤层气的排采工程。直到 2003 年,煤层气井排采经历了由单井到井组的排采实践,初步确定了排采的主要设备和工艺技术体系,为后续煤层气规模开发奠定了技术与工程标准。但是从整体上看,煤层气井的井型、排采设备和工艺技术仍比较简单。直到"十三五"期间,才将煤层气排采工程单独作为油气重大专项中的独立项目进行系统研究。

随着煤层气开发规模的不断扩大,区块数量与类型的迅速增加,对煤层气井型和设备工艺提出了多样化和整装化的高要求,特别是煤层气行业整体面对的低成本开发煤层气的经济效益大范围不达标的巨大压力。在此背景下,煤层气开发工作者对煤层气井排采设备和工艺技术展开了大规模系统科学试验与研究,其中包括快速降低液面、适应水平井的电潜泵排采工艺、气举等,在大斜井防偏磨、防治煤粉、防漏气等方面也展开了系统的研究,对合层排采技术、检测和控制等方面展开了科技攻关,加强了煤储层渗流理论、排采过程中的压降规律、采收率、工厂化生产等方面的试验研究。近年来,随着煤系内部页岩气、致密砂岩气的大量发现,在多气共采方面也展开了工程实践,大部分煤层气公司均实现了经济效益良好的多气共采。同时,随着煤层气开发区域的迅速扩展,出现了如新疆准南的陡倾斜煤层群,云南、贵州煤区的破碎煤体,以及二连盆地的褐煤煤层气藏开发实践需求,针对不同的煤层气藏地质条件,煤层气井开发工艺技术也作了相应较大的调整。

纵观我国 20 多年煤层气开发实践,煤层气井排采工程直接影响着煤层气开发的成败和经济效益。然而,迄今为止,适应我国煤层气藏及开发环境条件下的煤层气井排采工程理论框架尚未确立。关键科学问题是如何在新区科学制定煤层气井排采压降制度,尽量减少试错工程以及相应的代价。

第二节 煤层气排采工程中的若干问题

煤层气藏与常规天然气藏的主要区别之处在于煤储层为有机质组成、特别低的机械力学强度、高泊松比，以及比较强的储层非均质性。煤岩组成、煤级和构造应力场等对煤储层的非均质性具有显著的制约。特别是对常规天然气藏储层并没有明显影响的小微构造，其对煤储层造成的物性变化足以成为煤层气勘探开发难以解决的棘手难题。

与常规天然气藏储层的流动特征相比，煤储层总体上属于裂缝型储层，控制煤层气渗流产出的主通道是煤储层内部各种尺度的复杂裂缝系统及其波及的基质孔隙。

生产实践表明，相邻煤层气单井的产量变化幅度大，而同一小区块内煤层气井产量又明显具有相近或者相似的特征。著者在发现煤储层内广泛发育"大裂隙系统"的基础上，结合大量煤层气井压裂后煤储层裂缝系统的系统开挖观测结果，进一步发现煤储层内大裂隙系统发育特征不仅严重影响煤层气钻井、压裂和排采工程的作业效果，同时也制约煤层气井的产量与采收率。

纵观近十多年煤层气开发井的生产数据、部分废弃煤层气井的开挖观测煤储层内部的裂隙系统资料，以及煤层气井生产系统的理论分析结果，均反映出煤储层属于复杂的裂缝型储层。煤储层的大裂隙系统及其与钻井、压裂液相互作用后残留的导流裂缝通道系统、流体相态及排采制度对煤层气井的生产具有决定性的控制作用。

在煤层气井排采过程中，储层压降是随着排采时间的变化而变化，由于不同排采阶段储层压力和流体产出特征不同，因此储层压降传递特征也不相同。如沁水盆地煤层气排采经历了四个不同阶段，依次为产水单相流阶段、产气产水两相流阶段、稳产气阶段和产气衰减阶段。

煤层气排采过程中，储层压降传递过程与排采阶段及储层孔裂隙系统的分布均有着密切关系，即压降传递及动态变化是随着排采时间与储层空间变化而变化的。煤层气未开采前，煤层气藏处于原始平衡状态，此时的煤储层压力称为原始储层压力。地下水系统基本平衡，煤层气井筒液位的高度与煤层地下水的水头高度相同，因此，井筒与储层不存在生产压差。进入排采阶段以后，伴随着井筒内抽水泵不断抽水，井筒中的液面开始下降，井底流压也随之下降，此时在储层与煤层气井筒之间形成压差，煤层内地下水在压力差作用下源源不断地流向井筒，流体压力也将沿大裂隙系统向裂缝两端及储层深部传递，造成储层压力的连续下降。

在实际生产过程中，储层压力的传递会因地层含水量、裂隙系统发育程度、储层渗透率大小和煤储层排采边界等条件的变化而变化。不同地质条件下的储层压降在空间和时间上的传递特征不同。煤层气井水力压裂正是一种通过改造储层有效渗透率来提高排采过程中储层压降传递速率及传递范围的有效增产措施。进入排水阶段以后，地面排采井主要通过调控地面排水量以及井筒液位来实现对煤层含水性以及井底流压的控制。该阶段压降传递受渗透率、含水性及含气饱和度等的影响。当进入稳产气阶段以后,压降传递主要发生在煤基质中,因此主要与煤的解吸/吸附特征相关。当在产水产气两相流阶段,储层压力达到临界解吸压力,此时含气饱和度不再影响储层压降,压降传递则受以上各因素综合影响。有趣的是,通过对排采 10 年以上的煤层气井总结分析发现,采用补打中间孔的方式测定其残留含气量与井筒相连且大裂隙系统发育区的煤层气含量降幅明显增大。在煤层气井废弃工作面回采时发现,大裂隙系统异常发育的碎裂-糜棱煤体内部的煤层气残余含量高。

关于煤层气井排采制度精细确定的理论依据是本书讨论的问题。依据大量煤层气井完整的排采数据、废弃煤层气井开挖观测资料、残余含气量的检测等,著者认为,煤储层流体从储层内部到井筒的导流路径主要依靠复杂的裂缝系统。该裂缝系统内普遍存在若干极为不稳定的"瓶颈"部位。首先,其取决于裂缝通道的组成级别与连接方式、组成裂缝外围"基质"的破碎特征;其次,其取决于原始裂缝通道内是否畅通,是否有煤粉源集合体(裂缝内部充填物)存在;最后,其取决于储层内部流体的状态、煤层水及游离气的比例、气体解吸速度等。

从煤层气井排采开始阶段,是创建以井筒为中心、向外围拓展有效导流裂缝系统时期。在该阶段如何将原本不属于统一导流系统的、含一定流体压力的分散裂缝,通过定向和合理释放各分散裂缝系统内部的游离流体压力过程,促使其裂缝系统不断延伸和扩大。其排采降压速率同样取决于周围裂缝系统的复杂程度、流体压力系统差异以及分割程度、流体通道内薄弱环节的最大承受能力。排采强度太低,会延后投产时间,增加成本;排采强度太大,会导致不同压力裂缝系统之间的连接沟通终止,裂缝系统拓展范围局限,最终将严重影响单井总产量。

在煤层气井稳定产气阶段,排采强度控制的理论依据是保持现有裂缝系统的畅通稳定。由于大量流体产出和裂缝通道内薄弱部位在地应力作用下的挤压变形,若流体通道内的流体压力远远小于上述挤压变形应力,裂缝通道会闭合,造成导流能力的急剧下降。通过近年来沁水盆地南部大量煤层气井(埋藏深度在 1000m 以浅)排采工程实践,保持通道畅通的最小流压为 0.2MPa 左右为宜。

煤层气井排采生产实践表明,不同的煤储层条件,不同的流体压力系统,应采用相应的精细排采控制制度。即煤储层裂缝系统简单且延伸远的,流体通道内流体压力越高所容忍的排采压降幅度范围越大,也容易控制。煤储层破碎且流体压力低的储层需要精细控制,否则,会很容易导致排采失败。

与常规天然气井排采相比,除了流体压力异常低之外,另一个最大的不同是煤层气井排采过程中经常会遇到煤粉。煤粉的大量存在除了造成煤层气井排采设备的损坏以外,常常导致煤层气井不能稳定生产,流压反复升降,进一步恶化煤储层导流通道的稳定性。而绝大部分煤储层内部或多或少均存在煤粉源体,其来源主要有两种:一种是断层附近的煤粉源体；另一种是顺层展布的煤粉源体。前者量少，容易排出；后者量大，不容易排除干净。此外，还有少量由于钻井工程等造成的煤粉，其对生产影响相对有限。

从煤层气产出通道角度考虑，煤储层内部的导流裂缝组成特征，特别是裂缝通道的薄弱部位，煤粉的影响至关重要。煤储层产状对煤粉的运移至关重要，生产中常遇到的是近水平煤储层和陡倾斜煤储层内部的煤粉，两者在聚集和对生产的影响有显著差异。

近几年，随着对煤粉来源、运移通道、启动触发条件等深入研究，以及排采设备适应性增强方面的技术进步，煤粉对煤层气井生产的危害越来越小。采取的主要措施有在射孔时尽量避开顺层煤粉源体，在设计井型时充分考虑煤粉的集中堆积危害，在两相流阶段控制好流体产出速率，加入煤粉分散剂防止其聚集，畅通导流通道，增加排采泵吸纳煤粉的能力等，使煤粉对煤层气井危害程度呈现降低或者明显消弱的趋势。

在煤层气井排采工程实践中，首要的问题是如何实现快速排采，尽量缩短投产时间，提高经济效益。如对煤储层主导大裂隙系统不发育、压裂效果比较差的低饱和度煤层气井，以及产水量较大的煤层气井进行了快排试验，液面下降幅度比平均速度（3~10m/d）增加20%~50%，试验结果表明，煤储层内的裂缝通道范围很有限，煤储层内部的解吸气体积小，解吸气量小，最终导致这部分井产量低，平均在30%以上。另一个典型实例是，在煤层气井排采稳定产气阶段，为了在短期内增加煤层气的总产量，对几个区块的几百口生产井的套压普遍降低0.1MPa，短期内煤层气总产量增加10%以上。但是，这种高产状态维持不了2个月，煤层气总产量整体比调整前下降10%以上。之后对部分煤层气井增加套压以恢复产量，效果不明显，大部分无效果。

基于煤层气直井单井产量低，而且在地形复杂、交通不便的地区难以部署井场等现实条件下，曾经采用过水平分支井，在尚未进行全面评估和深入研究的前提下，在沁水盆地南部煤区施工了近百口煤层气羽状分支水平井，其中大部分产量未达到预期，除了少数煤层气井分支井部署在构造高点以外，多数煤层气井因孔壁垮塌而放弃。

针对破碎煤储层采用快排，以及煤层内水平控制垮塌的解堵疏通工程实践，起初采用过多种解堵措施，如二次压裂、电暴震、泡沫气举等增产技术，结果显示只有小型二次压裂对部分煤体结构比较完整的储层效果好。

关于煤储层预防污染方面，在煤层气规模开发初期认识不足，随着部分特低产煤层气井开挖解剖发现，其存在严重的钻井污染，水平孔塌孔等问题，保护储层，减少污染，维持井壁稳定性作为研究课题。在采取的众多措施中，比较有效的是过破碎带和采空区的钻井空气动力钻进技术。因穿过储层的暂堵型可降解钻井液的使用效果显著，目前得到了广泛应用，成为生产达标的重要技术措施之一。

随着煤层气产业规模的不断扩大，单井开发的目标层也由一层增加到两层、三层，甚至是多层煤共采。那么，在共采条件下如何实现精准调控？为了解决这个技术难题，课题组成功研制了煤层气井合层检测仪。该检测仪通过系统测定流经每个煤层的流体温度、压力和瞬时气泡数量，结合煤层气井的总产水量、产气量，分别求取各个煤层的产气贡献比例。目前，该仪器已经在沁水盆地南部寺河区块、新疆阜康白杨河矿区得到应用，为区块的开发规划、选层及排采制度的精准控制提供了有力帮助。

随着煤层气开发区块类型的增多，适应不同煤层气藏地质条件的开发井型也在不断增加。除了有适应沁水盆地和鄂尔多斯盆地东缘的多分支水平井、丛式井、大斜井外，针对新疆准噶尔盆地南缘广泛发育的陡倾斜多煤层的煤层气藏。著者在该区首次提出并成功实施了一口顺煤层"L"形井，该井不仅施工顺利，在成本几乎相等的条件下，煤层气井的后期管理非常简单，产量在全部煤层气井中是比较高的。

相信随着煤层气产业的不断发展，对煤层气藏地质研究将会不断深入，煤层气开发工程技术将会不断进步。"采煤采气一体化"的过程能有效检验前期煤层气开发工程的效果，发掘出更多的煤储层信息，促进煤层气排采工程技术体系及其理论研究的持续发展。

第二章 煤储层大裂隙系统发育特征及其对排采的控制作用

第一节 煤储层大裂隙系统发育特征

煤储层中的各种裂隙早已被学者们所认识,并对煤中的裂隙进行了初步划分,且将其列入我国煤田勘探国家标准煤芯描述的内容。

煤储层的裂隙系统是煤层气渗流运移的主要通道,其主要由微裂隙、内生裂隙、气胀节理、外生裂隙、层面裂隙等构成。各种裂隙的非均质性发育特征控制了煤储层渗透性的非均质性和煤层气的产出性能。

微裂隙是煤岩中最小的裂隙,长度为微米级,从几到几百微米。通常是将煤岩标本制成薄片后,在显微镜下进行观测。微裂隙不是煤层气产出的主干渗流通道,但其是孔隙与宏观裂隙之间的桥梁。微裂隙在镜质组中发育广泛,形态各异,呈直线状,折线状,树枝状,网格状,有时相互平行或相交。微裂隙以张性裂隙为主。微裂隙的发育受到多种因素影响,但主要受煤岩显微组分的控制。煤岩中不同显微组分的力学性质差异很大,镜质组脆性最大,惰质组脆性小于镜质组。在相同的应力状态下,脆性越大越容易破裂,所以镜质组最易发生破裂,裂隙的密集程度也较惰质组发育。镜下观察可见微裂隙由亮煤或暗煤进入镜煤条带时,裂隙数量增多,裂隙张开度变大,裂隙连接情况变复杂,连通性显著提高;而丝炭中微裂隙并不发育,甚至很多微裂隙终止于丝炭,表明丝炭疏松多孔的结构相比于煤岩其他组分具有较强的韧性,不易破裂形成裂隙。图 2-1 中下部区域为镜煤条带,微裂隙较发育,该条带以外的微裂隙急剧减少。

一、煤储层大裂隙系统的概念

为了满足煤层气勘探开发的需要,著者从 1989 年开始系统考察与解剖煤储层内的裂隙特征,在原有认识内生裂隙与外生裂隙的基础上,于 1994 年在河东石炭纪-二叠纪煤层中发现了非常典型的气胀节理,随后在沁水盆地所有煤区均发现了发育程度不同的气胀节理。但是,到 2002 年以前,都没有系统认识到煤储层中内生裂隙、气胀节理与外生裂隙之间的具体空间关系。自从系统解剖成庄矿 2314 工作面以后,发现了上述三种裂隙发育特征在空间上具有很强的规律性,而且与煤层气藏的发育关系十分密切,因此,著者提

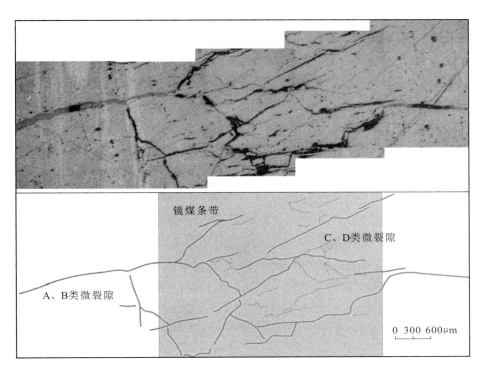

图 2-1 不同煤岩组分中微裂隙发育特征图

出了煤储层大裂隙系统的概念。

本书所提出的煤储层大裂隙系统与传统的煤层中裂隙概念具有以下几点不同：

(1)著者强调的是煤储层的裂隙系统,不同于传统裂隙类型,本概念既要区分煤储层内部的各种裂隙类型,更要强调理清各种裂隙之间的空间关系,特别是对煤层气产出起决定作用的渗流通道内部组成特征。

(2)与传统裂隙描述所要求的精度不同,本书要求满足密集煤层气抽放钻孔与煤层气开发孔的需要,将是煤层气抽放孔与煤层气孔部署的依据,也是采取各种增产措施的重要地质依据。

(3)著者强调煤储层裂隙系统动力学成因,最终能从动力学角度整体解释煤储层大裂隙系统与其他背景构造的关系。

煤储层大裂隙系统中由于微裂隙在镜下观测,肉眼不可见;层面裂隙在近直立煤层中发育,近水平煤储层中一般不考虑,因此大裂隙系统不包括断层,主要由内生裂隙、气胀节理、外生裂隙和层面裂隙四部分组成(图 2-2)。

二、煤储层大裂隙系统的组成要素

煤储层中大裂隙系统是指不包括断层在内的、在自然条件下肉眼可以识别的裂隙系统。它由内生裂隙、气胀节理、外生裂隙和煤层顶板接触面附近的层面裂隙四部分组成。

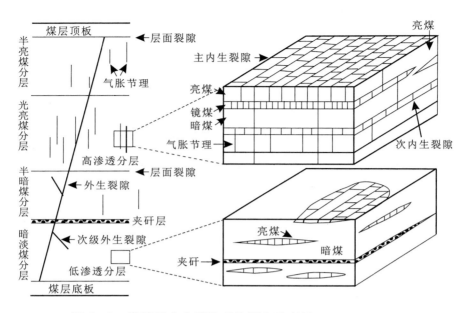

图 2-2　煤储层中大裂隙系统概念示意图（由吕帅锋提供）

除层面裂隙外,其他均以高角度裂隙为主。

1. 内生裂隙

内生裂隙又称割理,煤储层中的内生裂隙系统发育主要受煤岩成分的制约,内生裂隙常见于光亮的煤岩成分(如镜煤和亮煤),垂直于层理面,裂隙面比较平坦,常呈眼球状,有时被矿物薄膜充填。通常内生裂隙是煤中凝胶化物质在煤化过程中受到温度、压力的影响,内部结构变化,体积均匀收缩,产生内张力而形成的。内生裂隙往往有主要组和次要组两组,内生裂隙的发育程度与煤化程度有关,腐植煤中以焦煤的内生裂隙最多,主要组内生裂隙有 30～40 条/5cm,有时可达 50～60 条/5cm;低煤化烟煤中较少,一般长焰煤只有几条,气煤 10～15 条/5cm;无烟煤中也比较少,一般少于 10 条/5cm,但某些地区可达 15～20 条/5cm。褐煤的内生裂隙不发育,而有干缩裂纹。根据内生裂隙发育程度可大致判断煤的变质程度(图 2-3a,b)。

内生裂隙孔隙度 φ 的计算公式:

$$\varphi = \sum_{i=1}^{n} \lambda_i \times k \times p \tag{1-1}$$

式中:φ 为内生裂隙孔隙度;n 为发育内生裂隙载体的种类数与裂隙组数的乘积;p 为某种载体的体积百分比;λ 为裂隙张开度;k 为比例系数,即扣除两组裂隙交叉重复计算后的系数。

2. 气胀节理

气胀节理是形态及规模类似于外生裂隙,而产状、节理面等特征与内生裂隙极为相似的节理。初步研究表明,这种节理是在煤层气大量集中生成期,煤层内流体压力向外扩张

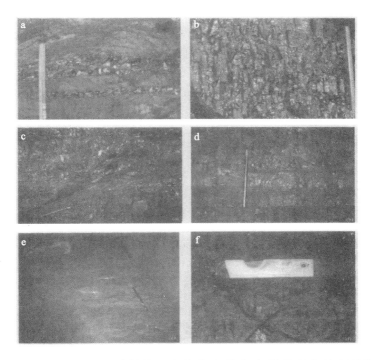

图 2-3 沁南煤区 3#煤储层中的内生裂隙、气胀节理和外生裂隙

a. 发育内生裂隙的镜煤和不发育内生裂隙的暗煤；b. 镜煤中的内生裂隙网络；c. 3#煤层内部的外生裂隙；d. 3#煤层中气胀节理发育的分层；e. 裂隙缝中的方解石充填物；f. 煤层泥岩底板中发育的节理

形成的一种纯张节理，称之为气胀节理。气胀节理不仅对煤储层岩石物理性质有重要影响，而且对煤层气藏的形成、发育和破坏具有重要作用（图 2-3d）。

气胀节理的发育特征如下：

(1) 气胀节理主要发育于焦煤和瘦煤中，特别是在顶底板致密厚层的泥岩条件下，其异常发育。另外，气胀节理还发育于煤层中 3~5cm 厚的泥岩夹矸中。

(2) 气胀节理面的产状与内生裂隙面的产状完全一致，常常穿过几厘米厚的暗淡煤或半暗淡煤分层，并不同程度地将上下内生裂隙面贯通。气胀节理之间不具有等间距性，其空间产状与围岩中节理的产状明显不协调。

(3) 气胀节理面特征与内生裂隙面一样，也常见有贝壳状的张裂痕。生长在节理缝中的原生黄铁矿质结核保存完好，在其周围未发现由于节理面相对运动而产生的擦痕，但大多数气胀节理缝未被充填。气胀节理缝形态通常呈上下收缩、中间扩大的透镜体状。绝大多数气胀节理缝的长度与载体的分层厚度为同一数量级。

(4) 气胀节理面并非十分光滑平直，而呈显微锯齿状，常常出现树枝状分叉及杏仁状结环，侧列现象也很普遍。

(5) 显微镜下，气胀节理面的微裂隙与植物细胞残留孔隙保存完好。

(6) 气胀节理的高度参差不齐，通常在光亮煤中的高度大一些，为几厘米至十几厘米。

(7)气胀节理的发育具有十分明显的岩性选择性,通常在光亮煤分层中最发育,在半亮煤分层中较发育,而在暗淡煤分层中不发育或发育差。气胀节理的线密度最高可达10～15条/20cm,明显低于亮煤中内生裂隙的线密度,而又高于局部构造外生裂隙的线密度。

(8)气胀节理通常发育在煤层气藏风氧化带以下简单结构煤层的中上部,而发育气胀节理的煤岩分层中内生裂隙均异常发育,裂隙的张开度也明显加大,在发育气胀节理的载体中常发育顺植物原生细胞纹层张开的顺层微裂隙和大量次生气孔。

(9)气胀节理发育的煤储层,其含气饱和度均曾为过饱和。

3. 外生裂隙

外生裂隙的间距比内生裂隙宽,它可以发育于煤层的任何部位及任何煤级的煤中。外生裂隙面往往有凹凸不平的滑动痕迹,多呈羽毛状、波纹状,也有比较光滑的。裂隙缝内有厚度不等的构造煤,或有多期次方解石脉充填物(图2-3c,e),说明这些裂隙缝是内外流体交换的主要通道。

由于外生裂隙可以以任何角度与煤层层面相交,因此可以根据外生裂隙与层面的关系将其分成3类。

(1)水平裂隙:与层面平行的裂隙,包括原生沉积的层面裂隙(或成岩裂隙)及构造作用产生的层间裂隙。

(2)垂直裂隙:与层面垂直的裂隙。

(3)斜交裂隙:与层面有一定角度的裂隙。

4. 层面裂隙

煤岩作为沉积岩的一种,具有典型的沉积岩层理构造,根据煤的颜色、光泽、硬度、密度、煤岩成分等物理性质,划分宏观煤岩类型小分层。小分层之间的层面是煤岩的构造软弱面,在应力条件合适的条件下,容易破裂形成层面裂隙。在沁水盆地南部和鄂尔多斯盆地东缘地区煤储层近水平展布,层面裂隙在垂向应力的作用下闭合,在渗流通道分布中较少考虑;但新疆准噶尔盆地南缘地层倾角较陡,在阜康地区地层倾角普遍为40°～60°,在新疆库拜煤田煤储层近直立展布,煤储层中发育大量的与煤层产状近似平行的层面裂隙,是煤储层中的优势渗流通道,且层面裂隙沟通了内生裂隙和外生裂隙,大大提高了渗透性。

煤层顶板附近常见泥岩、页岩为主的薄层状岩层(伪顶),厚度几厘米至几十厘米。这些岩层具有炭质含量高、层理发育、力学强度低、不同性质岩石互层的特点,是成煤泥炭沼泽衰亡期沉积环境过渡的产物。在应力作用下,该部位易产生平行于层理的破裂面,不仅对煤巷稳定性有着直接的影响,而且对煤层气的成藏富集、煤层气开发、煤层气井压裂裂缝拓展和排采中流体运移通道的建立具有重要意义。

综上所述,微裂隙、内生裂隙和气胀节理的非均质性发育受到煤岩组分的控制,外生裂隙的非均质性发育受到构造应力的控制，层面裂隙的发育受到沉积环境、煤层产状及埋深的控制，以上裂隙的组合控制了煤储层的渗透性非均质性特征。

三、控制裂隙发育的主控因素

煤储层的非均质性受沉积环境、变质作用、构造作用和地应力场的影响。

1. 沉积环境

沉积环境通过对煤显微组分的控制而影响煤储层孔裂隙非均质性。聚煤盆地煤相的剧烈频繁变迁导致了煤储层孔裂隙横向和纵向上发育的差异，由此形成了孔裂隙强烈的非均质性。不同的煤岩显微组分形成于不同的成煤环境，不同的煤岩显微组分生气能力不同，不同的煤岩显微组分中发育的微裂隙不同。例如，我国沁水盆地孔隙结构、物性相对较好的煤大多形成于三角州平原泥炭沼泽相，而孔隙结构一般、物性中等和最差的煤则大多形成于下三角州平原泥炭沼泽相；北部阳泉-寿阳煤储层显微裂隙总体上要比中部和南部更为发育，但显微裂隙具有强烈的非均质性。另外，沉积环境也影响煤储层灰分产率和矿物组成，从而影响煤储层孔裂隙非均质性。对于华北地区煤储层来说，矿物充填作用可能对煤孔隙发育产生了重要影响，一些矿物通过矿化作用充填了部分孔隙，使得煤储层孔隙度降低。

2. 变质作用

煤变质作用类型和程度是煤储层孔裂隙形成和发育极其重要的影响因素。我国不同煤阶煤的变质作用类型不同，中低阶煤大多以深成变质作用为主，而高阶煤则是在深成变质的基础上，经多期次和多热源变质作用叠加形成。煤变质作用对煤储层孔隙度、孔隙结构及配置关系具有重要影响。研究发现煤储层孔隙度随煤阶的增高呈现高—低—高的变化规律，并且热成因孔的存在是煤在高变质阶段孔隙度增高的重要原因。低变质阶段，煤的结构疏松，煤储层各孔径阶段孔隙分布均匀，原生大孔隙较发育；到中变质阶段，煤储层孔径分布以微孔和大孔为主，而中孔比例较低；随着变质程度进一步增加，高阶煤储层微孔占大多数，而中、大孔占10%左右。研究发现低阶煤多呈大中小孔三峰分布，中阶煤呈大中小孔三峰或大中孔双峰，高阶煤以小孔单峰分布为主。煤变质作用不仅能使煤中原生孔隙发生变化，而且还能通过改变煤储层的力学性质，间接地对构造裂隙的发育产生影响。含煤盆地煤阶分布规律在一定程度上控制着煤储层孔裂隙发育及其非均质性特性，如鄂尔多斯盆地东缘煤储层孔隙度及孔隙结构的发育特征受到由北向南、由盆缘向盆内煤阶变化的控制，呈现出不同的孔裂隙非均质性分布特点。

3. 构造作用

我国含煤盆地大多经历了复杂的构造演化史，煤储层结构受到不同程度的改造，构造变形导致煤的孔隙结构更复杂。在构造应力作用下，原生结构煤形成构造煤，不同构造变形条件下的构造煤孔裂隙表现出明显的差异演化特征。构造变形越强，孔隙结构越复杂，

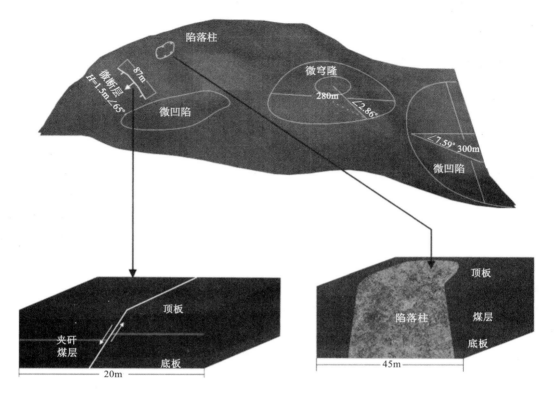

图 2-4 小微构造(褶皱、断层及陷落柱)概念示意图

非均质性越强。地质构造在煤储层中产生的小微构造对其渗透性具有控制作用。所谓小微构造是指倾角在 10°以内的单斜;高差在 20m 以内,平均纵向长度在 300m 以内的封闭型等轴、短轴褶皱;断距尚未错开煤层的断层以及类似规模而发育在煤储层中的大型节理裂隙带,以及长轴直径小于 50m 的陷落柱(图 2-4)。小微构造及其伴生的大裂隙系统,尤其是大裂隙系统中的外生裂隙的发育特征,是煤储层渗透性非均质性发育的控制因素。

4. 地应力条件

从空间上来说,地应力场控制区域性的构造裂隙发育,决定了煤储层构造裂隙系统发育的空间分布特征;从时间上来说,古地应力场决定了煤储层构造裂隙的发育产状和发育密度,而现今地应力场则控制着煤储层裂隙的开合度;在时间和空间上,地应力对煤储层构造裂隙的控制作用,决定了煤储层渗流能力。现代构造应力场的方向和大小控制着已有裂隙系统的闭合,煤储层中天然裂隙的壁距对原始渗透率起着关键性的控制作用。当构造应力场最大主应力方向与煤层优势裂隙组发育方向一致时,裂隙面实质上受到相对拉张作用,主应力差越大,相对拉张效应越强,越有利于裂隙壁距的增大和渗透率的增高。在不同的位置和不同的深度,地应力场的大小和状态是不同的,控制了大裂隙系统的张开与闭合,造成渗透性的非均质性,从而造成煤层气井产量的非均质性。

四、典型矿区煤储层大裂隙系统发育特征

1. 近水平煤储层大裂隙系统发育特征

沁水盆地南部成庄矿发育近水平的煤储层为3#煤层。3#煤层结构简单,多数只有1层10～20cm的泥岩夹矸,煤层顶底板均为泥岩。3#煤层厚度为5.2～7.1m,平均厚度为6m。煤岩显微组分以镜质组为主,平均含量大于80%;少量惰质组,平均含量15%左右。灰分产率为8%～18%,平均为13%。孔隙类型有植物细胞残留孔隙、基质孔隙和次生气孔。基岩块孔隙度为6%～11%,平均为8%。内生裂隙孔隙度为0.18%～0.63%,平均为0.4%。3#煤层的岩石组分变化不明显,但由于构造应力对煤层改造造成煤层渗透性的差异明显(图2-5)。

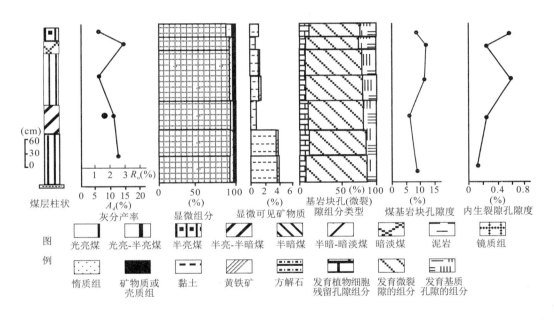

图2-5 成庄矿2314工作面3#煤层岩石物理剖面图

3#煤储层中的外生裂隙可分为两类:一类是切穿煤层进入煤层顶底板的外生裂隙;另一类是切穿整个或大部分煤层而不切穿煤层顶底板的外生裂隙(占90%以上)。在3#煤储层中外生裂隙密集带具有等间距发育的特点,在5～10m的外生裂隙密集带内,通常发育1～3条切穿整个煤层的裂隙(带)。个别外生裂隙密集带内偶有1条切穿煤层进入顶底板的节理发育,这些切穿煤层进入顶底板的外生裂隙具有多期次活动的特点,裂隙缝内有厚度不等的构造煤,有时有多期次的方解石脉,说明这些裂隙缝是内外流体交换的主要通道。3#煤储层中外生裂隙的主要走向为北东向和北西向两组,在两组裂隙交汇处煤层破碎。3#煤储层中切穿煤层进入顶底板的外生裂隙在平面上可延伸百米以上,切穿整

个煤层的外生裂隙在平面上可以延伸几十到上百米;而尚未切穿整个煤层的外生裂隙在平面上通常可以延伸十几米,一般不超过20m。

3#煤储层的气胀节理系统发育良好。气胀节理的产状与内生裂隙的产状基本一致,气胀节理具有近乎等间距的特征,气胀节理的宽度通常是内生裂隙的2倍左右,而高度通常是内生裂隙的3~10倍。气胀节理面光滑平直,具有纯张节理的特征。气胀节理的上下界线不如内生裂隙规则和整齐,但气胀节理在不同煤岩分层的发育程度有明显的差异,通常在光亮煤中最发育,其次是半亮煤及其过渡类型,在半暗煤和暗淡煤分层中,气胀节理一般不发育。

3#煤储层中内生裂隙系统发育主要受到煤岩成分的制约,一般在镜煤和亮煤中发育,具有明显的等间距或近乎等间距特征(图2-6)。其中镜煤中内生裂隙在不同岩石分层界线表现最为明显;而亮煤中内生裂隙在不同岩石分层界线表现也比较明显。内生裂隙系统在空间上具有统计规律性,可以通过确定发育内生裂隙载体的比例,进行定量或半定量的测定。

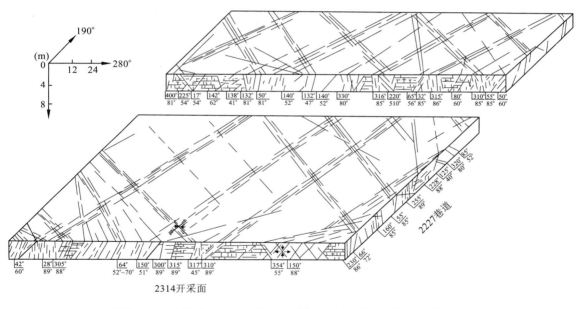

图2-6 成庄矿2314工作面3#煤储层大裂隙系统发育特征图

3#煤储层中的大裂隙系统具有明显的方向性。其中外生裂隙走向虽然各个方向都有发育,但总体上表现出两个优势方向,即北东-南西向和北西-南东向。气胀节理和内生裂隙的主导方向也是北东-南西向。大裂隙系统的方向性和空间的非均一性导致渗透率随方向和层位而变化,可导致煤储层渗透性的空间各向异性,这种空间的各向异性可以达到1个数量级以上。

2. 急倾斜煤储层大裂隙系统发育特征

新疆阜康矿区发育多层煤层,煤层的倾角约为53°。下面以39#煤层为例,阐述急倾斜煤储层大裂隙系统的发育特征。

39#煤层宏观煤岩组分以暗煤为主,亮煤次之,夹有少量的镜煤和丝炭。宏观煤岩类型以半亮-半暗煤为主。显微煤岩组分以镜质组为主,惰质组次之,镜质组占85%以上。镜质组中又以均质镜质体为主,基质镜质体次之;惰质组绝大多数以有结构的组分颗粒形式分布于基质镜质体中。灰分产率在5%以下,属于特低-低灰分煤。这种低灰分、高镜质组含量的煤层吸附甲烷气体的能力一般较强,有利于煤层高含气量。煤储层孔隙类型以基质孔隙为主,植物细胞残留孔隙和微裂隙次之。基质孔隙度为4.16%~4.50%,平均4.36%。煤的坚固性系数小于0.7,煤硬度小,极容易破碎,属于低强度的煤。煤层顶底板岩性分别为致密的粉砂岩、泥岩,渗透性低,有利于煤层气藏的封闭保存(图2-7)。

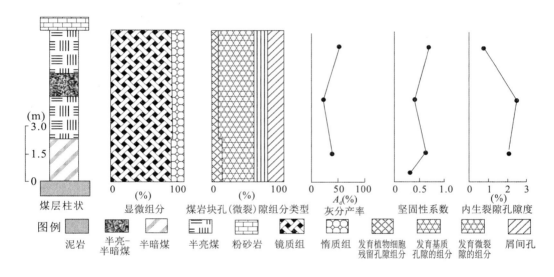

图2-7 新疆阜康矿区39#煤层岩石物理剖面图

39#煤储层中外生裂隙系统发育具有明显的方向性,主要发育北西向、北东向及近东西走向的节理。在顶板附近可看到北西和北东走向的外生裂隙发育,裂隙产状分别为235°∠88°、325°∠57°,裂隙发育密度分别为5条/m、6条/m,裂隙延伸较长,可见从巷道底部延伸出1.5m到顶板附近终止,未能穿过顶板粉砂岩。走向近东西的节理,产状为0°∠56°,具有以下特点:①具有近乎等间距发育的特点;②延伸长,从巷道顶部一直延伸到底部,可见节理切穿夹矸;③穿层性强,穿过几个煤岩分层。在煤层底板附近主要发育北西及北东走向的节理,其中走向北东的节理延伸长度较短,延伸距离为10~40cm,节理发育呈密集带的形式,发育密度最大处可见9条/5cm。走向北西的节理发育密度较少,为3条/m,延伸长度较短,延伸距离为40~70cm,部分进入底板的软煤分层继续延伸。

39#煤储层中的气胀节理系统发育良好，在半亮煤中较发育，线密度为17条/20cm；在半亮-半暗煤中气胀节理发育减少，线密度为3条/5cm；在半暗煤中发育很少甚至不发育。气胀节理几乎呈现等间距的特征，有些缝被白色的芒硝充填。煤储层中的内生裂隙较发育，线密度受煤岩成分的影响，在半亮煤中发育的线密度为18条/5cm；在半亮-半暗煤中发育减少，线密度为8~10条/5cm；在半暗煤中发育更少甚至不发育(图2-8)。

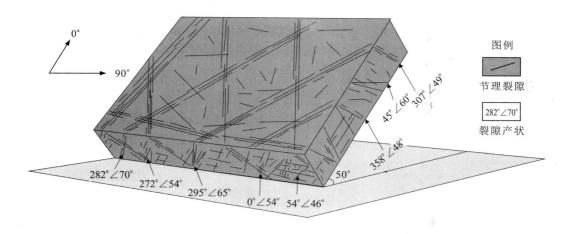

图2-8　新疆阜康矿区39#煤储层大裂隙系统发育特征图

3. 近直立煤储层大裂隙系统发育特征

新疆库拜煤田中部发育多层煤储层，倾角为83°~89°，近直立展布，下面以主采煤层A5#煤储层为例，阐述近直立煤储层大裂隙发育特征。

A5#煤层位于下侏罗统塔里奇克组下段(J_1t^1)的底部，煤层厚度平均7.96m，从下到上划分为三层，即第Ⅰ层、第Ⅱ层、第Ⅲ层(图2-9)。

第Ⅰ层：分层厚0.40m，黑色，条带状结构，层状构造，参差状断口，暗淡煤。镜煤条带发育内生裂隙，裂隙密度4条/cm。外生裂隙较发育，具有与层理平行的水平裂隙和与之垂直的垂直裂隙。水平裂隙几乎贯穿整个煤分层，缝宽0.2~0.5mm，节理面不平直，密度3条/5cm。垂直裂隙节理面在层理处有错断，密度6~7条/5cm。煤岩破碎较严重，但捻碎粒度大于1mm，局部层理由于受应力作用弯曲变形而呈碎粒结构，变形层理主要呈褐色—棕色。主要矿物为方解石，灰白色，呈脉状充填在水平节理中，厚度0.1~0.2mm。

灰分产率为15.96%，挥发分为28.87%，水分为1.14%，为低中灰分产率、中高挥发分、特低全水分煤。显微组分中镜质组为64.60%，惰质组为25.80%，少见壳质组，无机矿物为9.6%。

第Ⅱ层：分层厚1.70m，灰黑色，碎裂结构，块状构造，参差状断口，光亮煤。镜煤条带发育内生裂隙，密度14条/5cm；发育一组外生裂隙，节理密度6~9条/2cm，裂隙面可见方解石脉充填，次要节理受到后期构造发生形变，煤样中矿物可见方解石和黄铁矿。方解

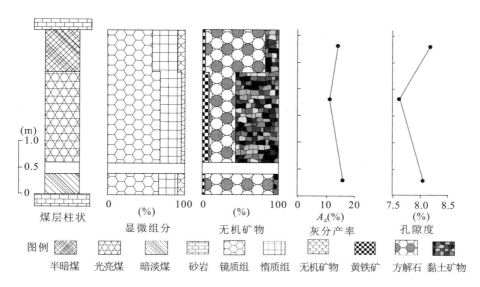

图 2-9 新疆库拜煤田 A5# 煤储层岩石物理剖面图

石脉沿滑移面局部呈薄层状展布,裂隙面偶见方解石脉呈薄膜状分布。黄铁矿颗粒零星嵌布于煤中。

第Ⅲ层:分层厚 0.80m,黑色,条带状结构,层状构造,参差状断口,半暗煤。发育一组垂直层面的外生裂隙,节理密度 14 条/5cm,延伸 1~5cm,多为 2~3cm,裂隙面可见轻微矿物充填,未见明显构造变形。主要充填矿物为方解石,方解石外生裂隙面呈薄层状局部充填。

外生裂隙发育于层理平行和垂直两组,垂直于层面外生裂隙密度 3~4 条/cm,平行于层面外生裂隙密度 6~7 条/5cm;内生裂隙在镜煤条带中密度达

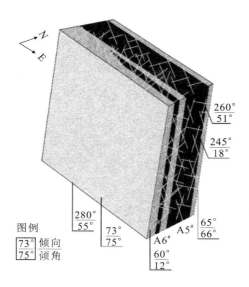

图 2-10 新疆库拜煤田 A5# 煤储层大裂隙系统发育特征图

3~4 条/cm。大裂隙系统的优势方向为北北西向和北北东向,不仅在煤储层中发育,同时也在顶底板中发育(图 2-10)。

第二节　影响煤储层大裂隙系统发育的地质因素

一、煤储层大裂隙系统形成机制

煤储层大裂隙系统属于煤层气生成过程中的产物,它对于煤层气藏的封闭保存有着极为重要的影响,特别是切穿煤层进入顶底板的外生裂隙常导致煤层气的大量逸散,煤层气藏的含气饱和度异常低。

依据煤层中大裂隙系统的发育规律,先后切穿次序推断,煤层中的内生裂隙是煤化作用期间煤中流体排出过程的产物(图2-11)。

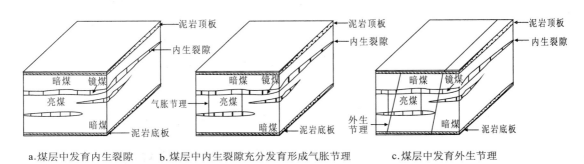

a.煤层中发育内生裂隙　　b.煤层中内生裂隙充分发育形成气胀节理　　c.煤层中发育外生节理

图2-11　煤储层大裂隙系统成因模式

1.内生裂隙的成因

煤中内生裂隙成因的假说主要有残余地应力假说、基质脱水脱挥发分体积收缩假说和内张力假说。

残余地应力假说认为内生裂隙面走向具有区域定向性。该假说充分注意到了残余地应力对内生裂隙发育的影响,但并没有解释煤中内生裂隙发育的组分选择性和内生裂隙特征与煤阶的关系。

基质脱水脱挥发分后体积收缩假说认为,内生裂隙的形成机理为脱水脱挥发分后体积减少所致。这一假说在解释煤变质过程中产生内生裂隙的真正原因时遇到了困难。如果仅考虑基质体积的收缩,那么与之伴随的有效地应力的作用就不大可能在煤中形成张开的内生裂隙。在煤变质过程中随孔隙度的降低和孔隙结构恶化,由脱水与脱挥发分产生的流体就不可能及时有效地排出,而必然在煤的孔裂隙中汇集并占据愈来愈大的空间,由此产生流体压力。

内张力假说认为,内生裂隙是煤中凝胶化物质在煤化作用过程中受温度压力的影响,内部结构变化、体积均匀收缩所产生的内张力而形成的。

可见内张力假说与基质体积收缩假说在解释力的最终来源方面是一致的;不同之处

在于内张力假说强调了脱水脱挥发分的机理是由于温度压力变化所致。

内生裂隙的形成分为内动力和外动力成因。煤变质过程中在镜煤条带上的均质镜质体形成高压流体，产生的高压流体不能有效排出，从而形成异常高压流体微单元，此时的高压流体将集中选择合适的路径和最薄弱的部位溢出，因此高压流体沿着垂直于层理面的微裂隙大量散溢，微裂隙在高流体压力下破碎并汇合成宏观的内生裂隙。煤中高压流体的散溢是煤储层中内生裂隙形成的内动力，地应力是控制其发育特征的外动力。

煤变质过程中产生大量流体及与之相伴的增温产生的流体压力是促使煤中裂隙发育的主要内动力。人工煤变质实验结果证明，煤变质过程中流体的大量生成与裂隙的发育大体同步。

在煤变质过程中高压流体微单元的载体主要为均质镜质体和镜煤条带。在上述载体中矿物质最少且组分比较均一，植物细胞残留孔隙不发育。均一的有机显微组分和高的有机质丰度可在煤变质过程中出现瞬时高产气率现象，加之载体孔隙不发育而不利于气体的有效排出，从而形成异常高压流体微单元。在丝炭或其他植物细胞残留孔隙发育的组分中，产生的气体可及时有效地排出。在煤中异常高压流体微单元形成后，流体将集中选择合适的路径溢出。依据均质镜质体或镜煤条带长轴沿层面展布的产状，流体沿垂直层理面方向溢出路径最短。此外，由于植物遗体细胞长轴通常沿层面延伸，在垂直层理面的方向上发育植物细胞导管横切面之间的薄弱结合部和纵切面上导管与导管之间的薄弱部位，产生裂隙所需的流体压力最小，从而导致内生裂隙面垂直层理的发育特点。

在煤变质各阶段，中变质煤有机流体生成量最大，生气速率最高，软化塑性变形最强烈。瞬时高压流体与载体较低的抗张强度共同导致中变质煤内生裂隙的张开度最大。岩浆热液作用的变质环境为高温低压条件，生气速率高。煤中流体压力与围压之间的压力差最大，因此内生裂隙的张开度较其他变质类型大。

综上所述，煤中流体的产生、聚集和集中释放是煤储层中微裂隙与内生裂隙形成的内驱动力，有效地应力是控制其发育的外在条件。主内生裂隙面发育的区域方向一致性是煤中流体压力与有效地应力相互作用的结果。由于地应力在水平方向上大小不等，流体压力引起裂隙破裂的方向将平行于水平最大压应力方向。煤储层中微裂隙与内生裂隙的形成机理为煤变质过程中流体压力与有效地应力相互作用的结果。主内生裂隙面的发育方向受裂隙形成期水平应力场的控制。

2. 气胀节理的成因

煤储层中气胀节理是在煤的二次叠加变质作用期间煤中流体进一步排出过程的产物。尽管气胀节理的规模与外生裂隙相似，但不能用外力作用来解释其成因。依据气胀节理的产状、岩性和节理面性质，其力学机制类似于内生裂隙，是在良好的封闭条件下，在煤层气大量集中生成期，煤储层内部的流体压力急剧增大、向外扩张产生的一种纯张节理。节理规模的大小主要取决于煤储层流体压力与煤储层纯张破裂压力和有效地应力之和的差值。流体压力越大，节理的规模也越大。由于这种裂隙通常不与顶底板围岩相沟通,以及煤层气藏始终处于过饱和状态,故煤储层外的流体不能进入煤储层裂隙中,因而无充填物产生。

气胀节理的形成机理见图2-12,其形成过程可分为3个阶段。

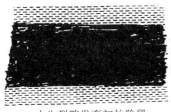  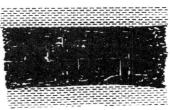

a.内生裂隙发育初始阶段　　b.内生裂隙充分发育阶段　　c.气胀节理形成阶段

图2-12　气胀节理发育过程示意图

内生裂隙发育初始阶段:主要特征是内生裂隙仅在镜煤条带中发育,裂隙的线密度较低。

内生裂隙充分发育阶段:随着煤层气的大量集中生成,内生裂隙在镜煤中充分发育,裂隙的线密度急剧增加。这种煤层气的大量集中生成只有出现在二次叠加变质作用之后。

气胀节理形成阶段:随着煤层气的大量集中生成,煤储层镜煤裂隙中的流体压力急剧增大,达到一定程度后致使裂隙向外扩展,不再局限于镜煤中,而发育在亮煤和其他煤岩分层之中,并将镜煤中的内生裂隙进一步串通(图2-13)。

初期　　　　　　　　中期　　　　　　　　后期

图2-13　煤储层气胀节理成因模式

著者根据流体的突出作用而称之为气胀节理。气胀节理发育的不均一性既受围岩机械强度不均一性和原有内生裂隙系统的控制,也受生气总量的控制,表现出明显的不等间距性和裂隙高度的参差不齐。

3.外生裂隙的成因

外生裂隙属于构造成因,它利用和改造了气胀节理和内生裂隙系统。外生裂隙为构造应力对煤体作用的产物,其产状通常与更高级别的断层或褶皱相匹配。传统的煤地质学将煤层中的节理称为外生裂隙(或构造裂隙),即属于构造应力作用产生。这种裂隙在煤储层中确实广泛存在,以各种角度与煤层层面相交,其产状常与附近断层方向一致。外生裂隙长度大,延伸长,可以沟通微裂隙、内生裂隙或层面裂隙,是大裂隙系统的主干裂隙。外生裂隙性质属张裂,但又有挤压擦痕,部分裂隙还可以从煤层延伸到围岩中。

二、影响煤储层大裂隙系统发育的地质因素

1. 煤层结构和煤层顶底板岩性的影响

煤层中泥岩夹矸的厚度和煤层顶底板岩性直接影响外生裂隙的发育程度。通常当煤层中泥岩夹矸的厚度大于 0.5m 时,外生裂隙在泥岩夹矸中就不发育或者线密度明显降低。若煤层的直接顶底板为砂岩,外生裂隙就不发育或者仅发育在煤层内部;若煤层的直接顶底板为粉砂岩和泥岩,会有少数外生裂隙延伸到煤层直接顶底板内部。

气胀节理一般在厚度大于 0.2m 泥岩夹矸中不发育,在厚度小于 0.2m 泥岩夹矸中有少量稀疏的气胀节理发育。

2. 煤岩类型和矿物质的影响

煤中的矿物质含量多少,即煤岩类型,对煤层中的内生裂隙和气胀节理发育有明显的影响。在光亮煤分层中不但内生裂隙发育良好,而且气胀节理也最发育;而在暗淡煤分层中,内生裂隙稀疏,一般不发育气胀节理(表 2-1)。

表 2-1 煤岩类型与大裂隙发育特征关系

煤岩分层	内生裂隙发育特征	气胀节理发育特征
光亮煤	镜煤中主内生裂隙组线密度为 9~10 条/5cm,次内生裂隙线密度为 5~6 条/5cm,载体大小为 (4~6)mm×(50~70)mm×(80~150)mm,载体比例为 12%~17%。亮煤中主内生裂隙组线密度为 4~5 条/5cm,次内生裂隙线密度为 2~3 条/5cm;载体大小为 (10~15)mm×(80~120)mm×(150~300)mm,载体比例为 20%~25%。内生裂隙孔隙度为 0.675%~0.729%	主气胀节理线密度 8~15 条/20cm,次气胀节理线密度 4~10 条/20cm,载体大小为 (100~150)mm×(200~1000)mm×(500~1500)mm,载体比例 20%~35%,气胀节理孔隙度为 1.05%~1.62%
半亮煤	镜煤中主内生裂隙组线密度为 9~10 条/5cm,次内生裂隙线密度为 5~6 条/5cm,载体大小为 (3~5)mm×(40~60)mm×(60~120)mm,载体比例为 8%~10%。亮煤中主内生裂隙线密度为 4~5 条/5cm,次内生裂隙线密度为 2~3 条/5cm;载体大小为 (8~12)mm×(60~100)mm×(120~200)mm,载体比例为 18%~20%。内生裂隙孔隙度为 0.43%~0.54%	主气胀节理线密度 6~12 条/20cm,次气胀节理线密度 3~8 条/20cm,载体大小为 (80~120)mm×(150~800)mm×(300~1200)mm,载体比例 15%~20%,气胀节理孔隙度为 0.85%~1.22%
半暗煤	镜煤中主内生裂隙线密度为 10~12 条/5cm,次内生裂隙线密度为 6~7 条/5cm,载体大小为 (2~4)mm×(10~20)mm×(50~80)mm,载体比例为 3%~5%。亮煤中主内生裂隙线密度为 3~4 条/5cm,次内生裂隙线密度为 1~2 条/5cm;载体大小为 (5~7)mm×(30~50)mm×(80~100)mm,载体比例为 3%~5%。内生裂隙孔隙度为 0.24%~0.365%	主气胀节理线密度 2~3 条/20cm,次气胀节理线密度 1~2 条/20cm,载体大小为 (50~100)mm×(100~600)mm×(200~1000)mm,载体比例 5%~8%,气胀节理孔隙度为 0.35%~0.52%
暗淡煤	镜煤中主内生裂隙线密度为 10~14 条/5cm,次内生裂隙线密度为 6~9 条/5cm,载体大小为 (1~3)mm×(5~10)mm×(20~30)mm,载体比例为 1%~2%。亮煤中主内生裂隙线密度为 4~6 条/5cm,次内生裂隙线密度为 2~4 条/5cm;载体大小为 (2~4)mm×(15~30)mm×(50~80)mm,载体比例为 2%~4%。内生裂隙孔隙度为 0.11%~0.24%	不发育

煤储层中的内生裂隙仅发育于镜煤或亮煤条带中。发育内生裂隙的镜煤或亮煤的剖面厚度多为2～10mm，镜煤或亮煤在空间上通常是不连续的。组成镜煤条带的绝大多数显微组分为镜质组，其中多以均质镜质体和基质镜质体占优势。根据残留植物细胞的大小形状相似性及其与其他组分明显接触等特征推断，镜煤多数为未肢解的植物茎干残体演变的产物。

镜煤的灰分产率一般仅为2%～4%，与现代大部分木本植物的灰分相近。正是其特低的矿物质含量和较均质的显微组分才构成均匀而规则发育内生裂隙的物质基础。亮煤条带的显微组分比镜煤复杂，但通常仍以镜质组占优势。亮煤中常见的组分有基质镜质体、碎屑镜质体和均质镜质体等。亮煤的灰分产率比镜煤高而低于全煤的平均值。发育在亮煤中的内生裂隙线密度通常比同一煤层镜煤中的内生裂隙密度低10%～30%，裂隙缝高度多数略大于镜煤，而内生裂隙的等间距性不及镜煤。在煤阶和煤岩组成相同的条件下，宽镜煤条带中的内生裂隙线密度比中细条带镜煤中的要低。

煤作为一种机械强度较低的脆性岩石，煤岩组成与外生裂隙的发育关系密切。若煤中矿物质含量高，外生裂隙通常规模大而线密度小。节理面上常发育擦痕和磨光镜面。煤层中外生裂隙的产状常与上下围岩中的节理产状基本一致。矿物质含量少的煤，其节理面平整，节理的线密度大。由于矿物质含量少的煤中往往内生裂隙发育，外生裂隙面的产状有追踪内生裂隙面发育的特点。

3. 煤阶与变质作用对裂隙的影响

煤变质作用是促使煤中显微裂隙和内生裂隙发育的重要外部因素。煤变质作用可使煤中孔隙产生次生变化，也可经过煤中孔隙、裂隙的发育改变煤的机械力学性质，进而对外生裂隙的发育产生影响。煤变质作用中煤的总体演化方向是芳香核不断增大，支侧链不断减少，芳香核之间的空隙不断缩小。但这种演化又具有不均一性，特别是第二次煤化作用跃变，大量的烃类以气体的形式形成（图2-14），原生植物细胞残留孔隙被改造，微裂隙和内生裂隙得以充分发育。微裂隙与内生裂隙的形成是煤中内张力与环境压力相互作用的结果。这种内张力的载体为煤中的流体。煤中流体量的增加与相态的热改变产生流体张力。伴随着煤化作用的进行，煤中不断产生流体。随着温度增高，流体压力加大，内部流体压力一旦大于环境压力，这些流体必然通过孔隙向外运动，从而形成微裂隙和内生裂隙。镜质组是产生流体的主要组分，因此，在煤化作用过程中镜质组孔隙、微裂隙和内生裂隙变化也最显著。

大量观察证实，在焦瘦煤阶段（即第二次煤化作用跃变之后）煤中微裂隙和内生裂隙最发育，这与第二次煤化作用跃变中大量流体生成和集中释放有关。在瘦煤之后，流体产出率迅速降低，流体压力大幅下降，造成环境压力大于煤中流体压力的条件，致使原有的内生裂隙发生闭合。煤变质作用实质上是在有效温度下持续的时间对煤成分和性质发生改变的过程。压力对煤化作用并不起关键作用。压力阻碍了化学反应，但可导致煤物理结构的变化。例如静压力使煤的孔隙率降低。短时间高温的变质条件有利于煤中流体压

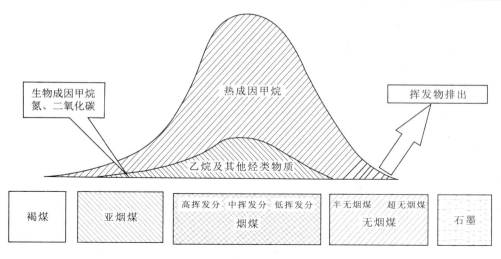

图 2-14 煤层中天然气的生成(据华北石油管理局,1990)

力的迅速增大,从而有利于裂隙的发育。

依据变质作用的温压条件及其地质特征可区分出深成变质、岩浆热变质和侵入接触变质三种主要变质类型。其中岩浆热变质作用形成的煤中孔隙、裂隙系统最发育。

4. 构造作用对煤储层裂隙系统发育的影响

构造作用对煤储层裂隙系统的影响大致可分为两个层次:构造作用对煤储层中的外生裂隙发育产生影响;构造作用对煤岩分层中的内生裂隙产生影响。

构造作用对外生裂隙的影响大体上与构造作用对其他机械强度低的脆性岩类相似。外生裂隙面有张性、剪性、张剪性和压剪性等几种类型,其中后两类更为常见。外生裂隙面的力学性质与其所处构造部位的应力状态相匹配。发育在背斜转折端、倾伏端的外生裂隙为张剪性节理,其节理缝的张开度比其他相邻岩石中的要大。

构造对内生裂隙的挤压破坏作用仅见于局部地段和层位,特别是在张性小断层附近内生裂隙的孔隙度明显增大。构造导致低级别的节理裂隙和挤压错动,从而使煤中显微纹层破坏,显微组分混杂和重组,严重者可形成糜棱煤。

断层、褶皱构造对煤层中的外生裂隙系统发育有重要的控制作用,通常在断层附近,煤层的外生裂隙异常发育,往往密集成组成带,其中不乏切穿煤层的外生裂隙。在褶皱曲率大的部位,外生裂隙的线密度明显增加。断层、褶皱构造对内生裂隙和气胀节理发育的影响不明显。

5. 地下流体对煤中孔裂隙的充填作用

煤储层中有三种主要流体充填煤的孔裂隙,即:①煤化作用过程中产生的有机流体;②岩浆热液所携带的气液挥发物;③含无机沉积物的地下水。通常含无机沉积物的地下水对煤中孔裂隙的危害最严重和广泛。由岩浆携带的挥发物热流体对煤孔裂隙的改造十分显著。在岩浆侵入热变质作用过程中,岩浆携带的气液热流体经岩层裂隙可到达煤中。

岩浆热流体的热能导致煤中产生大量次生气孔并形成次生沥青质体，这种次生沥青质体多半充填在内生裂隙缝中。此外，伴随着岩浆挥发物和次生挥发物的侵入，常常在接近岩体的煤层底板或煤层的裂隙中形成热液方解石脉。这种现象在我国东北地区中新生代断陷盆地中较多见，如伊敏盆地的五牧场区。

挥发物热流体可充填孔裂隙，其携带的大量热能可促使煤中微裂隙和内生裂隙得以充分发育。最明显的事实是促使其次要裂隙组发育良好。正反两方面作用的结果往往使煤中的孔裂隙系统得以充分发育。含有无机沉积物的地下水充填煤裂隙现象十分常见。具体可分为裂隙全充填和仅沉积于裂隙面两种类型。裂隙面上的薄膜沉积有铁质和钙质，其附着力远比全充填的方解石脉大。方解石脉大多充填在外生裂隙发育地带或邻近。在有方解石脉充填煤裂隙的地段，往往有大的外生裂隙切穿煤层顶底板与围岩相通。例如，淮南潘二矿背斜倾伏端张节理缝中充填有方解石脉，这些与围岩连通的节理起到了输送无机物的作用。

第三节　煤储层大裂隙系统对煤层气排采的控制作用

煤储层大裂隙系统研究是煤储层评价的重要科学基础。煤储层大裂隙系统控制着煤储层的自然渗透率，是煤层气开发中需要重点研究和加以利用的对象。例如煤储层中的大裂隙系统对于定向羽状水平井的设计和效果具有决定性的作用。

一、煤储层大裂隙系统在煤层气排采中的控制作用

1. 煤储层大裂隙系统是煤层流体运移的主要通道

煤储层大裂缝系统是煤层气从煤基质运移至井筒的主要通道。大裂隙系统的发育特征在很大程度上决定了煤层气运移至井筒的难易程度。密度高、连通性好、宽度大、空间延伸距离长、充填程度低的大裂隙系统更有利于煤层流体的运移与产出。尽管碎裂煤与碎粒煤受构造应力作用发育大量节理，但由于煤体较为破碎造成了煤岩机械力学性质的急剧减弱，且裂缝短而窄，充填大量碳酸盐岩或黏土矿物，难以形成广泛沟通井筒的有效裂缝，反而阻碍了煤层流体的顺利运移。因此，碎裂煤与碎粒煤中的裂隙系统制约了煤层气的产出。此外，煤储层大裂隙系统可以通过影响压裂裂缝的延展而控制煤层流体运移的通道。

2. 煤储层大裂隙系统对煤储层渗透性的控制

渗透率反映了煤层气藏的导流能力，有效渗透率越大，越有利于煤层气的产出。煤储层大裂隙系统发育程度决定了煤层气藏的有效渗透率。作为非常规天然气储层，煤层气藏普遍具有低渗透率特点。煤层气开发前进行煤储层评价时，煤层钻孔取样经室内测试

获得的渗透率却难以反映煤层气藏有效渗透率,由于煤储层的非均质性,更是无法全面反映煤储层整体的渗透性。通过对煤储层大裂隙系统进行观测研究,则可以更全面地了解煤层气运移的有效渗透率。对于具备煤储层观测条件的煤区,可以通过对煤储层直接观测分析,研究所在地煤储层渗透性,而对于无法直接进行煤储层观测的煤区,通过地表构造节理填图,寻求围岩与煤储层大裂隙系统对应关系,也可以了解煤储层大裂隙系统发育特征及其渗透性。

此外,在煤层气排采产水阶段和气水两相流阶段,随着裂隙内流体压力的降低,裂隙在有效应力作用下逐渐闭合,从而会引起煤层气藏渗透率的下降。在煤层气产气阶段和产气衰减阶段,由于基质收缩效应的影响,裂缝宽度增加,则会引起煤层气藏渗透率的增大。

3. 煤储层大裂隙系统控制压降传递与有效解吸范围

在煤层气排采过程中,煤储层压降基本传递方式包括水传递和气传递。排采初期,煤储层压力一般高于临界解吸压力,吸附态的煤层气未发生解吸,此时煤储层压力随着地层水的产出而不断下降,该阶段煤储层压降传递方式以水传递为主。由于煤层产出水主要来自大裂隙系统,因此水传递主要发生在煤储层大裂隙系统及人工压裂裂缝中。由于煤储层裂缝系统渗透率较高且水传递引起的储层压降速度较快,因此该阶段持续时间一般较短。当煤储层压力降低至临界解吸压力之后,煤层气藏排采进入产水产气阶段,表现为既产水又产气。由于煤储层大裂隙系统导流能力显著大于基质孔裂隙导流能力,因此煤储层大裂隙系统压降速度会明显高于基质压降速度,大裂隙系统中的压力更接近于井底流压。大裂隙系统中压降水传递能力逐步减弱,气传递能力逐步增强。随着煤基质表面吸附态的甲烷不断解吸以及水的排出,煤基质孔裂隙中压降将以气传递方式为主,而水传递方式逐步变得微弱。

煤层气排采中储层压降传递的深度及程度决定着煤层气藏有效解吸的范围。因此,煤储层大裂隙系统发育特征对排采中有效解吸范围的影响十分显著。当然,煤储层大裂隙系统只是影响有效解吸范围的先决条件,煤层气井排采工程对气体有效解吸范围同样具有重要影响。关于后者对有效解吸范围影响的论述将在后文详细阐述。

4. 煤储层大裂隙系统是煤粉运移的通道

大裂隙系统是煤粉运移的主要通道。煤粉运移进入井筒必须具有连通性好、有一定宽度而且与井筒连通的裂缝。这种裂缝条件在多数情况下在近井筒地带是存在的。煤层气井产出煤粉主要为原生煤粉,其发育方式主要有两种:一种是发育于软煤分层上部的煤分层中;另一种是发育在煤体内部与构造煤集合体连接的裂缝系统。除了很少部分的煤粉几乎直接进入井筒以外,大部分是通过上述两种途径进入井筒的。煤层气的解吸难易程度主要取决于裂缝的发育程度(裂缝的宽度、延伸长度、连通情况等)。由于这种天然裂缝的曲折特性,直井产出的煤粉都是近井地带裂缝内的煤粉,以及能够通过裂缝通道运移到近井地带的煤粉;煤粉的主要运移通道是近井筒运移,因此井筒周围有没有发育软煤分层是产出煤粉多少的关键因素。就套管完井的煤层气直井与裸眼水平井对比而言,后者所产的煤粉量要远远大于前者。对于水平煤层气井来说,煤粉产出的关键是水平分支穿过地带的位置。如果穿过了小微构造发育地带,其煤粉集合体较发育,容易产出更多的煤粉。

对于垂直煤层气井,煤粉的运移通道主要分为近井通道和裂缝通道两种。近井通道是指煤粉从分离起运之后,通过水泥环上被压裂挤压开的竖直裂缝(井下煤层气井开挖实例结果表明,这种垂直的裂缝高达 $80\sim120cm$,且在内壁上沾有很多煤粉),进入被压裂液挤压开的套管与固井水泥之间的裂隙,再从套管的射孔眼处进入井筒内,这是煤粉运移的捷径。裂缝通道是指离井筒较远的粉源通过煤储层的裂缝系统运移至井筒附近,再通过近井通道运移至井筒,而煤粉很难通过这种裂缝系统远距离运移至近井筒附近。因此,近井筒是否存在软煤是产煤粉的关键因素。

对于水平煤层气井,煤粉的运移通道主要取决于水平分支井所穿过的煤层带,如果穿过了近垂直的构造破碎带内,水平井就极容易塌孔扩孔,煤粉就比较容易分离出来,再通过水平井运移出来。如果软煤发育层位在水平煤层气的水平分支之上,那么水平分支很容易垮塌,会造成煤粉的产出。因此,水平分支井所处地带的位置很关键。

5. 煤储层大裂隙系统导致的煤储层非均质性对单井产能的影响

煤储层大裂隙系统在很大程度上决定着煤储层非均质性。考虑到大裂隙系统发育特征对渗透性、压降传递、煤粉运移以及产能的重要影响。煤储层大裂隙系统与煤层气钻孔不同类型的匹配关系,将直接影响煤层气压裂与排采工程。由于大裂隙系统是煤层气运移产出的主要通道,因此煤储层裂隙系统的非均质性,也会导致煤层气井产能的差异。煤层气井单井最高日产量分布具有明显的方向性,也是由煤储层的裂缝系统控制的。因此煤层气开发进行钻孔布井时应该充分考虑煤储层大裂隙系统发育特征。

6. 煤储层大裂隙系统对煤层气突出的影响

煤储层大裂隙系统充分发育的裂缝带,在煤层气藏封闭保存条件良好,含气饱和度高的条件下,煤体结构的破碎程度决定煤层是否具有动力突出现象。煤体的破碎程度可以用普氏系数来表征,一种是普氏系数大于 3 的,另一种是普氏系数小于 2 的,前者存在煤层气在很短时间内大量涌出的危险,后者则有煤与煤层气突出的危险。

煤储层大裂隙系统欠发育的裂缝带,煤体结构的破碎程度一般不严重,普氏系数通常大于 4,存在煤层气大量涌出的危险,一般不存在煤与煤层气突出的危险。在该裂缝带内部也是煤层气最佳的抽放通道,可以从中抽出比较多的煤层气,从而大大降低煤层气突出或者超限的危险。

煤储层大裂隙系统内部的裂缝带之间,煤体结构往往保存比较好。尽管不存在煤突出的危险,但是煤层气抽放也极为困难,也是煤层气最容易超限的地带。

7. 煤储层大裂隙系统对煤层气抽采的影响

沁水盆地南部煤区大量的煤储层大裂隙系统观测证实,煤层裂缝系统空间发育的分区分带性明显,具体表现为大型的构造节理带主控着煤层内部流体赋存状态及产出规律,煤层裂缝系统的大尺度非均质性进而控制着煤层内部气/煤层水在空间赋存产出的非均质性。因此,煤层气抽采钻孔及抽采靶区的设计必须以煤储层大裂隙系统发育特征为基础,从而实现井下煤层气的精准抽采,有效避免煤层水对煤层气井下抽采的干扰。

煤储层大裂隙系统发育规模、密度等与构造部位、区域构造应力场密切相关,通过地质力学理论构建煤储层大裂隙系统与煤破碎程度之间的地质预测模型,有效地解决了煤体破碎相变规律复杂、煤体结构特征预测难度大的技术问题。

煤储层大裂隙系统的研究是指导矿井煤层气抽放和地面煤层气布孔的理论依据,在煤层气开发工程实践中必将发挥更强的指导性作用。

二、煤储层大裂隙系统对煤层气产能影响实例

通过分析大量煤层气井的单井最高日产量分布规律可以发现,在所有区块中,相邻的井中一般只有2口至多4口煤层气井的单井最高日产量相近,往往相邻的单井最高日产量差异明显。

煤层气井单井主要有条带状、"L"形和"T"形。单井最高日产量分布方向性是由煤储层的裂缝系统控制的。条带状的煤层气井单井最高日产量所占比例较大,可达80%(图2-15)。"L"形煤层气井单井最高日产气量占的比例较少,达到5%。"T"形煤层气井单井最高日产气量分布特点表明,该处发育了两条优势裂缝通道,并且相互形成了比较好的连通。

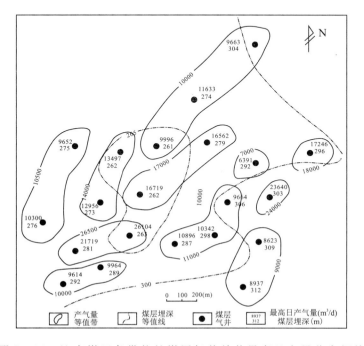

图2-15 沁南煤区条带状的煤层气井单井最高日产量分布规律

第三章　煤层气排采产气原理与压降特征

第一节　煤层气产出裂隙通道

煤层气必须在有一定缝隙且能够与井筒连通的裂缝系统中才能产出运移至井筒。煤储层天然裂隙系统在很大程度上取决于煤储层非均质性、渗透率及煤岩机械性质,煤层气藏普遍具有低渗的特点,因此,煤层气排采前需要通过人工进行水力压裂改造,达到连通人工井筒与天然主干裂隙的目标,以提高煤层气藏渗透性。

煤层气藏中的气体产出通道包括天然裂缝系统和人工压裂裂缝,其中天然裂缝系统包括微裂隙、内生裂隙、气胀节理、外生节理和层面裂隙。按照不同类型煤层气产出通道分布及特征,可将煤层气产出通道划分为五级(表3-1)。

表3-1　煤层气产出裂隙通道级别划分

通道类型		空间延伸范围	作用	级别
压裂主干裂缝 (连通与改造原天然大裂隙)		几米~几十米	连接井筒	Ⅰ级
大裂隙 系统	外生节理或层面裂隙	零点几米~几十米	连接压裂主干裂缝与气胀节理	Ⅱ级
	气胀节理	几厘米~几十厘米	连接外生节理与内生裂隙	Ⅲ级
	内生裂隙	几毫米~几十毫米	连接微裂隙	Ⅳ级
微裂隙		几微米~几百微米	连接内生裂隙与基质孔隙	Ⅴ级

一、压裂主干裂缝

压裂主干裂缝的基本形态包括垂直裂缝、水平裂缝和"T"形裂缝。

1. 垂直裂缝

垂直压裂裂缝水平方向延伸距离为15~30m,裂缝走向与所在区域大裂隙系统走向基本一致。垂直裂缝宽度一般为5~10cm,部分井可达20cm,宽度明显大于煤储层原生节理系统,且距离井筒越远,裂缝宽度越小。压裂裂缝垂向高度可达3~4.5m,且分布在煤层中上部,裂缝壁面为锯齿状和棱角状,裂缝中广泛充填破碎煤颗粒,且裂缝宽度越大,破碎颗粒粒径就越大。压裂裂缝远端的支撑剂颗粒粒径较小,近端的支撑剂颗粒粒径较大,与压裂泵注顺序一致。

2. 水平裂缝

水平压裂裂缝无明显主控方向,水平方向延伸距离可达 30m 左右,裂缝宽度 2~10cm。裂缝内充满压裂砂,沿层理分布或呈透镜状分布,随着离井筒越来越远,压裂砂厚度逐渐变小。水平裂缝壁面较光滑,可见支撑剂与壁面摩擦形成的擦痕,裂缝中充填煤岩颗粒极少,压裂砂表面含有少量煤粉。

3. "T"形裂缝

"T"形裂缝为同一口井既有垂直压裂裂缝又存在水平压裂裂缝的统称。其中,垂直裂缝分布在煤层中上部,水平裂缝则一般分布在煤层顶部,少量井分布在煤层中部或下部的易脱落层。

通常认为水力压裂主干裂缝形态及走向受区域地应力作用明显。浅部煤层以水平裂缝为主,深部煤层以垂直裂缝为主;压裂主干裂缝走向垂直于最小主应力方向。然而,经过煤矿井下实地观测表明,浅部煤层既有水平压裂裂缝,又有垂直压裂裂缝,且垂直裂缝数量占比高于水平压裂缝占比(前者占比 56%,水平裂隙占比 25%)。由于煤储层中发育外生裂隙系统,煤储层水力压裂主干裂缝优先沿天然外生裂隙走向展布。因此,煤储层非均质性对煤储层水力压裂主干裂缝形态及走向影响显著,其影响程度可能高于区域地应力作用。

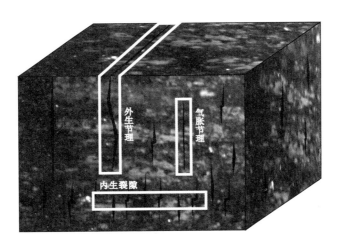

图 3-1 煤储层大裂隙系统空间示意图

二、天然大裂缝系统

天然大裂隙系统包括外生节理、气胀节理、层面裂隙以及内生裂隙。天然大裂隙系统是沟通井筒、人工压裂裂缝与煤基质重要通道。关于天然大裂隙系统的特征与形成机制,第二章已做详细论述,此处不再赘述。

三、基质微裂隙

除大裂隙系统以外,在煤基质中存在沟通煤基质孔隙与内生裂隙的微裂隙,主要发育于均质镜质组为主的显微组分中,宏观煤岩类型多为光亮煤和半亮煤。微裂隙宽度一般在几微米到几十微米,长度一般在几十微米到几百微米(图 3-2)。大部分的微裂隙未被充填,只有极少数可能被渗出的沥青质充填。

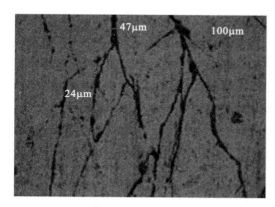 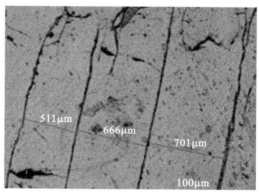

图 3-2 显微镜下煤基质微裂隙

综上所述,煤储层中的裂隙系统控制着煤层渗透率,在煤层气成藏及开发过程中发挥着重要作用。在煤储层压降传递过程中,外生裂隙系统构成了煤储层压降传递的主干通道,气胀节理通常构成主干通道的次级裂缝,在外生裂隙和气胀节理周围则分布着大量内生裂隙,微裂隙则起着沟通煤基质内孔隙与内生裂隙的作用。

第二节 煤层气排采原理

煤储层中 80% 以上的气体吸附在煤基质孔隙内。目前国内外主要通过地面排水降压的方式抽采煤层气,煤层气井排采的目的是将吸附态的气体转化为游离态并驱使其运移至井筒中产出。大致经历以下 5 个阶段才能产出至地表:①煤层气从煤基质孔隙表面解吸;②煤层气在煤基质内扩散至微裂隙;③煤层气由微裂隙渗流至内生裂隙;④煤层气由大裂隙系统渗流至井筒;⑤煤层气从井筒油(管)套(管)环空中运移至地表。对于降压采气而言,扩大煤层气解吸范围,提高煤层气采收率的根本原则是煤储层压力的充分释放。

一、煤层气的解吸

当煤储层基质孔隙压力降低至临界解吸压力以下时,煤基质表面吸附态煤层气发生解吸成为游离态进入煤基质孔隙及微裂隙中,同时,由于压力降低,溶解态的煤层气也会向游离态转变,增加基质孔隙和微裂隙中的流体压力,以达到各种赋存状态之间新的平衡。

1. 煤层气解吸类型

根据煤层气解吸条件和解吸物理特征,可将解吸分为降压解吸、置换解吸、扩散解吸、升温解吸四种。其中,降压解吸是当前煤层气排采方式下的主要解吸类型。

(1)降压解吸:是一种最典型的物理解吸作用过程,也是煤层气开采过程中最主要的一种解吸作用。其基本特征是,被吸附在煤基质孔隙内表面的煤层气分子由于外界压力的降低而变得更为活跃,以至于解脱了范德华力的束缚,由吸附态变为游离态。根据目前对降压解吸的认识,其解吸行为服从朗缪尔方程。

(2)置换解吸:是指未被吸附的其他气体分子或水分子置换了吸附态的甲烷分子的位置,从而使吸附态的甲烷分子变为游离态,此现象普遍存在于煤层气开采过程之中。置换解吸有两层含义:一是未被吸附的其他气体分子和水分子,在普遍存在于各种原子、分子之间的范德华力作用下不停地争取被吸附的机会,以力图达到动态平衡状态;二是气体分子的热力学性质决定了这些被吸附的气体分子在不停地挣脱范德华力束缚,改吸附态变为游离态。

(3)扩散解吸:根据分子扩散理论,只要有浓度差存在,就有分子扩散运动,这是由气体分子热力学性质所决定的。研究表明,甲烷气体分子在煤的孔隙内表面得以高度富集,这就与孔裂隙内的流体构成了高梯度的浓度差,这种浓度差迫使甲烷分子扩散,从而造成非常规解吸。基于扩散的普遍存在性,扩散解吸也是煤层气开采过程中煤层气解吸的一种重要的作用类型。鉴于扩散解吸的实质是由于浓度差造成的扩散而导致的"解吸",这种扩散的本身是寓于"解吸作用"之中的,是解吸作用与扩散作用的耦合,从解吸的角度,称之为"扩散解吸"。

(4)升温解吸:据物理化学研究表明,吸附剂对吸附质的吸附量是吸附质、吸附剂的性质及其相互作用、吸附平衡时的压力和温度的函数。温度与吸附量呈负相关,与解吸量呈正相关。温度升高,加速了气体分子的热运动,使其具有更高的能力可以逃逸范德华力的束缚而被解吸。有人将温度对解吸速率和解吸量的影响归于影响因素,我们认为温度与压力一样,都是引起解吸的一种动力,应将其定为一种解吸类型。这一类型在煤层气含量测定实验中早已得到证实。我们可以发现,在煤层气含量测定过程中,当解吸罐放入恒温水箱时,即使解吸罐内的压力在升高,煤层气解吸也会加速。

在煤层气开采过程中,其温度几乎是"恒定的"。这是因为在煤层气开采过程中,无论是煤层气解吸、扩散,还是渗流甚至是水的渗流,均没有条件引起煤层温度发生重大变化。即使大量产水需要远距离的水源补给,也会在渗流过程中使其温度均衡。

2. 煤层气等温吸附曲线

由于煤层气的吸附—解吸是可逆的过程,所以煤的等温解吸曲线与等温吸附曲线是高度吻合的,可以采用等温吸附曲线来表述煤层气的解吸过程。通常采用 Langmuir 等温吸附曲线来推算煤储层临界解吸压力和预测煤层气解吸量(图 3-3)。然而,随着煤层气排采实践过程的不断深入,简单采用 Langmuir 等温吸附曲线来描述煤层气的解吸过程,无法满足煤层气井精细开发的要求,因此,需要进行更多的煤层气解吸机理的研究。

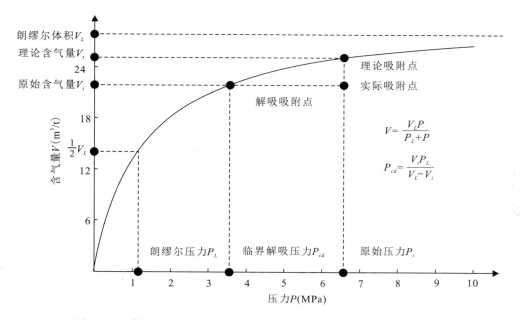

图 3-3　煤层气 Langmuir 等温吸附曲线与临界解吸压力示意图

二、煤层气的扩散

传统理论认为,煤层气自煤内表面解吸后通过基质孔隙和显微裂隙进入内生裂隙系统的过程是扩散过程。扩散系流体分子在浓度梯度驱动下由高浓度区向低浓度区随机流动的过程。煤层气自煤基质内表面解吸后通过基质孔隙进入内生裂隙的方式是扩散作用:体积扩散、克努森扩散、表面扩散。体积扩散为分子与分子间的相互作用;克努森扩散是分子与孔壁间的相互作用;表面扩散指吸附的类液体状甲烷薄膜沿微孔隙壁的转移。

煤层气排采中,随着煤储层流体压力的传递,气体未挣脱煤基质表面力场束缚前,煤基质表面的气体分子之间发生的是吸附态气体之间的表面扩散作用,随着排采过程的进行,煤储层流体压力降低,一部分气体分子会挣脱煤基质表面力场束缚,从吸附态解吸为游离态,此时气体分子之间在体积扩散作用下,开始缓慢地自由运动;当气体分子在直径很小的孔隙系统中运移时,有些气体会与孔壁发生碰撞,这时在气体分子与煤孔壁之间可能发生克努森扩散作用;若气体分子在直径较大的孔隙系统中运动时,气体在其运移路线中会产生浓度差,在浓度差驱动下,煤层气从浓度高的区域向浓度低的区域扩散运移。

煤层气通过基质孔隙系统的扩散,可以按照非稳态扩散和拟稳态扩散两种模式进行计算。其中,拟稳态扩散遵从 Fick 第一定律,非稳态扩散遵从 Fick 第二定律。煤层气在煤基质中的扩散符合 Fick 第二定律,即:

$$\frac{\partial C}{\partial t} = D \frac{\partial^2 C}{\partial^2 X} \tag{3-1}$$

式中:C 为浓度;X 为距离;t 为时间;D 为扩散系数。

煤基质内表面的气体初始则会发生大致遵循 Fick 第一定律的拟稳态分子扩散运动,即:

$$\frac{\mathrm{d}V_m}{\mathrm{d}t} = -D_i a (V_i - V_e) \tag{3-2}$$

式中:V_m 为吸附气体积浓度;$\mathrm{d}V/\mathrm{d}t$ 为扩散速率;D_i 为扩散系数;V_e 为 Langmuir 曲线对应气体浓度;a 为形状因子。

扩散系数是扩散通量与导致扩散的浓度梯度的比例系数,该系数取决于扩散物质的种类、扩散介质的种类以及温度和压力。扩散系数可表征气体在煤基质中扩散的快慢,气体扩散系数越大,表明气体扩散性越好。形状因子可用下式表示:

$$a = \frac{8\pi}{m^2} \tag{3-3}$$

式中:m 为裂隙间距,用于表征煤基质块的大小。

令:

$$\tau = \frac{1}{D_i a}$$

那么,气体扩散速率可表示为:

$$\frac{\mathrm{d}V_m}{\mathrm{d}t} = -\frac{1}{\tau}(V_i - V_e) \tag{3-4}$$

式中:τ 为吸附时间。

对上式进行分离变量积分,并考虑如下边界条件:$t=0$ 时,$V_m=V_0$,其中,V_0 为初试气浓度,$\mathrm{m}^3/\mathrm{m}^3$;$t \geqslant 0$ 时,V_m 为 t 的函数,即 $V_m=V(t)$。

由此可得:

$$V(t) = V_e + (V_0 - V_e)e^{-t/\tau}$$

当 $t=\tau$ 时:

$$V(\tau) = V_e + (V_0 - V_e)e^{-1}$$

整理上式可得:

$$\frac{V_0 - V(\tau)}{V_0 - V_e} = 1 - \frac{1}{e} \approx 0.63$$

即在 $t=\tau$ 时,煤基质块内甲烷气扩散主基质边界的甲烷量占煤基质块压力释放至大气压条件下可解吸总甲烷量的 63.2%。

由于气体扩散系数和基质形状因子测定非常困难,因此通常使用吸附时间来近似表示解吸作用的快慢。实际过程中,吸附时间通常被定义为样品所含气体(包括损失气、解吸气和残余气)被解吸出 63.2% 所需的时间。

煤层气解吸扩散过程中,煤基质内表面发生以 Fick 第一定律为主的拟稳态扩散作用;煤基质外表面,浓度差异较大,则发生以非稳态的 Fick 第二定律为主的扩散作用。在非稳态扩散模式中,煤基质块内煤层气浓度从中心到边缘是变化的,并且中心的浓度变化率为零。基质块边缘浓度就是煤储层压力控制的等温吸附浓度,随着煤储层孔隙流体压力的变化,煤基质块的浓度也发生变化。该模式能够较客观地表示煤基质内煤层气浓度的时空变化,反映煤层气的扩散过程。但求解方法复杂,计算工作量大。克努森扩散、体积扩散和表面扩散作用则贯穿于煤层气扩散的整个过程。

总之,扩散是一种以分子形式进行的传质作用,浓度差和能量差的客观存在是扩散得以进行的原动力;从高浓度区向低浓度区运移是扩散的主要方向,在扩散作用下,煤层气在煤基质孔隙中向微裂隙或直接运移至内生裂隙中。

三、煤层气在裂隙系统中的渗流

随着裂隙系统中地层水的不断产出,流体压力也将沿大裂隙系统向裂缝两端及煤储层深部传递,造成煤储层压力的连续下降。此时,煤基质与周围内生裂隙形成压差,在此压差驱动下,基质微裂隙中的甲烷气逐渐汇聚并运移至内生裂隙系统中;当然,与内生裂隙直接接触的基质孔隙可以通过扩散作用直接进入内生裂隙中。

在煤层气井排采时,随着煤层水的排出,井底压力的降低形成"压降漏斗",压降范围内,当煤储层压力低于临界解吸压力时,煤层气开始解吸,在压差等作用下,煤层气和水一起以单相或两相流的方式通过大裂隙系统和井筒产出。

在裂隙系统中,煤层气流动规律符合 Darcy 定律:

$$v = \frac{K}{\mu} \frac{\mathrm{d}P}{\mathrm{d}l} \tag{3-5}$$

由于大裂隙系统的分级性和不连续性,在煤层气井排采过程中水、气可能存在多种流动方式。

四、煤层气在井筒中的运移

由于煤层气开发为排水采气,因此煤层气井筒一般具有一定的液柱。当煤层甲烷气从煤层运移至井筒后,便会与井筒液柱混合在油套环形空间形成一定的流动形态,也可称之为流型。气体在井筒垂直上升时,流体相态在垂向上发生变化。煤层气井筒环空内上部为纯气段、下部为气水两相段,其中气水两相段又主要包括气泡段和普通液体段。随着煤层气从井底向井口不断运移,含气率会不断变化,流型也会随之不断改变,依次经历泡状流、段塞流、环状流以及雾状流(图 3-4)。井筒自下而上,含气率逐渐升高,含水率逐渐降低。

不同的流型会呈现出自身所独特的不一样的物质运动规律。因此,在分析多相物质流动问题时,必须事先了解研究对象属于或者处于何种流型,才能更好地去简化、聚焦问题。但影响流型的因素太多,如管道尺寸、管道截面形状、管道倾角、单一相的流量、流体流向、热负荷等。在低速、低压、不受热的条件下,利用透明玻璃管可直接观测、研究各种可能存在的流型和流型转化的准则。在目前,对水平管、倾斜管、垂直管中的两相流流型研究较多,也认识最为深刻,尤其是对水平管和垂直管。

(1)泡状流:液相为连续相,气相以小气泡形式分散分布于连续的液相中,两相之间存在速度差,气相超越液相流动。

(2)段塞流:大气泡与大液块交替出现,头部呈球形,尾部扁平,形如炮弹;气弹间液块向上流动,夹有小气泡;气弹与管壁间液层缓慢向下流动。

(3)环状流:管壁液膜之中含有小气泡,气相主要占据管道中间,气相之中含有被气流从液膜之上卷下的小液珠。气液流量之比变大,液膜厚度变薄。

(4)雾状流:在气量远大于液量时,液膜几乎消失,液相变为分散细小颗粒,以雾状形式存在于管道的中部。

井底流压是煤层气排采控制的核心参数,排采中需要对井底流压进行监测或计算以便掌握井底流压变化特征,精细定量化管控煤层气井生产。研究煤层气井井筒流型的分布及气水运移规律对于构建井底流压预测模型具有重要的理论意义(图3-5)。

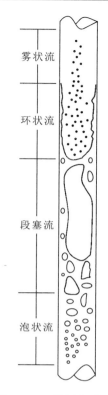

图3-4 煤层气井筒油套环空流型图

第三节 煤层气井生产阶段的划分

煤层气排采中煤储层压降随着排采时间变化而变化,由于不同排采阶段煤储层压力和流体产出特征不同,因此储层压降传递特征也不同。通过对沁水盆地2000余口垂直煤层气产气井进行长期跟踪观测与调研,根据煤层气井产水、产气和煤储层压力变化情况,将排采过程划分为四个不同阶段:产水单相流阶段、产气产水两相流阶段、稳产气阶段和产气衰减阶段。不同阶段的煤层气藏产水、产气变化统计如图3-5所示。

1. 产水单相流阶段

该阶段煤储层压力高于临界解吸压力,吸附态的甲烷气未发生解吸。该阶段为单相水流阶段,地面没有产量显示。为了使煤储层压力快速下降,该阶段产水量较大。受煤层气藏水文地质与井筒管控制度等因素影响,不同的煤层气井产水单相流阶段的时间相差很大,最短的1个月,最长达7年,一般6个月左右。

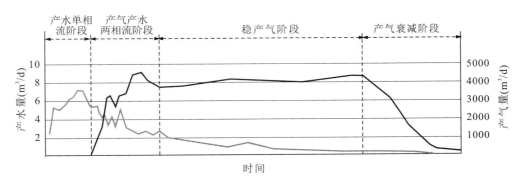

图 3-5 沁水盆地南部典型煤层气垂直井排采曲线图

2. 产气产水两相流阶段

当裂缝周围煤储层压力降低至临界解吸压力以下时,煤层气从吸附态解吸成为游离态,并从基质孔微裂隙向内生裂隙系统中运移,煤层气藏导流裂缝中开始出现气水两相流体流动,地面表现为既产水又产气。随着煤层气的不断产出,气水两相流中气体组分含量越来越高,表现为地面产气量的快速增加。

3. 稳产气阶段

煤层气藏流体-裂缝单元外围煤层气大量解吸、运移并产出,煤层气的解吸与运移基本达到平衡,气井持续稳产高产,煤层气藏有效解吸范围则进一步扩大。该阶段抽油机大部分时间处于低速运转状态,且绝大部分煤层气直井的产水量不足 $0.5m^3/d$。

4. 产气衰减阶段

在产气衰减阶段井筒动液面位于煤层以下,几乎没有套压,井底流压接近零,并保持不变。煤储层内部压差及其与井筒压差逐步减小,煤层气藏能量逐步衰竭,解吸气量随之减小。表现为地面产气量逐步减低,几乎不再产水。

第四节 排采过程中煤储层压降动态变化规律

一、压降传递过程

煤层气排采过程中,煤储层压降传递过程与排采阶段和煤储层孔裂隙系统的分布均有着密切关系,即压降传递及动态变化是随着排采时间和煤储层空间变化而变化的。原始状态下的煤储层由于构造应力等作用,存在天然的大裂隙系统,其中主干裂缝通常为外生节理,这些裂隙产状受区域地应力控制,次级裂隙为气胀节理,在外生节理和气胀节理周围则分布着大量内生裂隙(图 3-6)。煤层气未开采前,煤层气藏处于原始平衡状态,

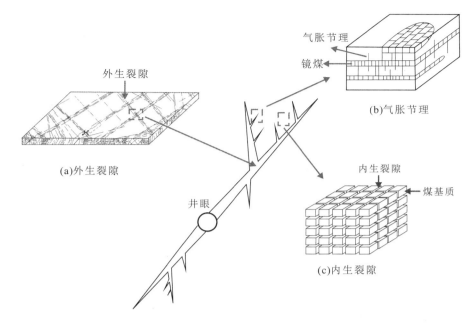

图 3-6 煤储层裂隙系统压降传递示意图

煤储层压力称为原始储层压力。此时,地下水系统基本平衡,煤层气井筒液位的高度与煤层地下水的水头高度相同,因此,井筒与煤储层不存在生产压差。

进入排采阶段后,随着井筒内抽水泵不断抽水,井筒中的液面开始下降,井底流压也随之下降,在煤储层与煤层气井筒之间形成压差,煤层内地下水在压差作用下源源不断流向井筒,流体压力也将沿大裂隙系统向裂缝两端及煤储层深部传递(图 3-7),造成煤储层压力的连续下降。此时,煤基质与周围内生裂隙形成压差,在压差驱动下,基质微裂隙中的甲烷气逐渐汇聚并运移至内生裂隙系统;随着基质微裂隙中甲烷气的不断运移,基质

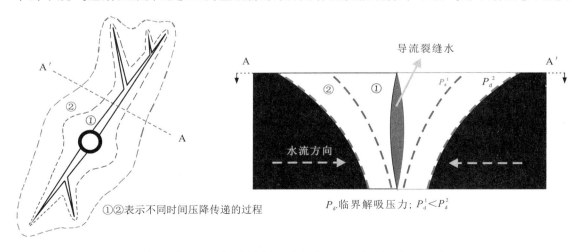

①②表示不同时间压降传递的过程 　　　P_d 临界解吸压力;$P_d^1 < P_d^2$

图 3-7 煤层气排采过程中裂缝周围压降过程示意图

孔隙内的甲烷气在浓度差作用下向微裂隙内扩散。当然,与内生裂隙直接接触的基质孔隙可通过扩散作用直接进入内生裂隙系统。在煤基质内的传递过程如图 3-8 所示。在此过程中煤基质内的含气量逐步降低,由 Langmuir 等温吸附曲线可知,煤含气量的降低表明煤储层压力随之降低,因此,煤基质内压力得以持续降低。当裂隙周围储层压力降低至临界解吸压力以下时,煤层气从吸附态解吸成为游离态,并在基质孔隙间逐渐汇聚并沿微裂隙或直接运移至内生裂隙系统。随着地层水和煤层气连续不断地运移和产出,储层压力由井筒向四周传递,沿主干裂缝向次级裂缝传递,通过裂隙系统向煤岩基质内传递,煤基质内压力逐渐释放,气体有效解吸范围也沿裂隙系统向周围逐渐扩展。随着生产压差的逐步降低,煤层气井产水量将趋于零,产气量也将逐渐下降,导致气体解吸范围不再继续延伸和扩大。煤层气排采过程中煤储层压力不会下降至与井底流压相等,而是降低至某一值(废弃压力)后不再降低,煤层气藏有效解吸范围也会因此而停止扩展。

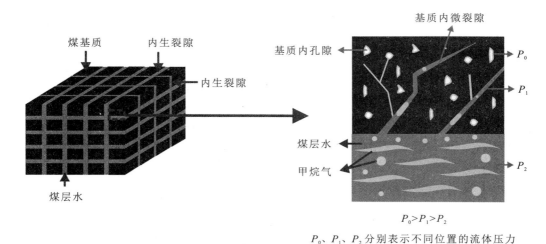

图 3-8 煤基质中压降传递示意图

二、压降传递方式

煤层气排采过程中,通过不断排水使煤储层压降不断传递。然而,气体在煤储层压降传递中作用方面的研究鲜有报道。本研究认为,煤储层压降过程中压力的本传递方式应包括水传递和气传递。由于研究区绝大多数煤层气藏为不饱和煤层气藏,因此排采初期,煤储层压力高于临界解吸压力,煤层气以吸附态存在于基质孔隙内而无法发生解吸。随着地层水的产出,煤储层压力不断下降,该阶段储层压降传递方式以水传递为主;由于原始煤层气藏本身含有一部分游离气,所以也会存在微弱的气传递。当煤储层压力降低至临界解吸压力后,煤层气排采进入产水产气阶段,表现为既产水又产气。大裂隙系统中压降水传递能力逐步减弱,气传递能力逐步增强。随着煤基质表面吸附态的甲烷不断解吸以及水的排出,煤基质孔裂隙中压降将以气传递方式为主,而水传递方式逐步变得微弱。

当煤储层进入稳产气阶段后,煤层气井产出的甲烷均是解吸气,这时气传递成为煤储层压降的主要方式。随着煤基质表面不断解吸出游离气,在气传递方式作用下,煤储层有效压降范围持续扩大。

三、压降传递影响因素

煤层气排采过程中,煤储层压降传递及动态变化主要受煤储层渗透率、含水性、含气饱和度、煤解吸/吸附特性、储层边界条件以及井底流压的影响。

1. 渗透率

渗透率反映了煤储层的导流能力,对煤储层压降传递速率和传递范围均有重要影响,渗透率越大,越有利于煤储层压降的传递。排采过程中,煤储层流体经裂隙系统运移至井筒,因此,煤储层压力也通过煤层孔裂隙系统进行传递,渗透率较高的煤层气藏压降传递速率较快,且传递范围较大;渗透率较低的煤层气藏压降传递速率则较慢,且传递范围较小。由于大裂隙系统渗透率远高于基质微裂隙及孔隙的渗透率,因此,大裂隙系统内压降速率会相应高于基质内压降传递速率。在压裂液作用下,人工裂缝优先沿天然裂缝方向延伸并主要在垂直于最小主应力方向上分布,使得压裂后煤储层渗透率在空间分布上具有明显的方向性。因此,排采过程中,煤储层压降在平面上也是沿裂缝向两端传递。

排采过程中,煤储层压力的变化会对有效应力产生直接影响,而受有效应力、基质收缩、煤粉运移等因素影响,煤储层渗透率将处于动态变化之中。

$$\sigma_e = \sigma - \alpha P \qquad (3-6)$$

式中:σ_e 为有效应力(MPa);σ 为初始地应力(MPa);α 为有效应力系数;P 为储层压力(MPa)。

考虑到煤储层应力敏感性,产水阶段煤储层压降过快会引起煤储层渗透率迅速下降,从而造成煤储层伤害,而稳产气阶段煤储层渗透率的恢复则有利于煤基质内压降传递,进而提高煤层气井产气量。因此,排采过程中对煤储层压降的控制应充分考虑煤储层应力敏感性及渗透率变化特征。

2. 含水性

煤层气赋存特征决定了煤层气藏需要排水降压,才能使煤层气解吸并产出。按照地层水在煤层中的赋存状态,可以将煤层水分为自由水、毛细水和结合水。煤层气排采过程中,通过煤储层大裂缝系统产出至地表的为自由水,而赋存于煤基质内的毛细水及结合水由于引力及毛细管作用难以诱导产出。若煤储层本身含水量高,煤储层压降传递速率较低,此时地面排水量较大才能有效降低煤储层压力;若煤储层本身含水量低时,煤储层压降传递效率则较高。由于煤层对应力敏感,排采过程中煤储层裂隙系统内水饱和度的降低将引起煤层有效应力的增加,从而降低煤储层渗透率。

3. 含气饱和度

煤层气在煤中的吸附为物理吸附,遵循 Langmuir 等温吸附方程。煤储层含气饱度通常从等温吸附曲线上求得,即含气饱和度等于实测含气量与实测煤储层压力在等温吸附曲线上所对应的饱和含气量的比值。由 Langmuir 等温吸附曲线可知,煤层气藏含气饱和度反映了煤储层压力降低至临界解吸压力的难易程度。通常情况下,含气饱和度越高,临界解吸压力与原始煤储层压力的差值也会越大,表明煤储层压力越容易达到临界解吸压力;含气饱和度低,表明需要通过更长的时间排水才能降低至临界解吸压力。含气饱和度的大小在一定程度上反映了排水阶段的长短,因此,排采前含气饱和度值或者压力差可作为决策煤层气井产水阶段长短的重要因素。

4. 煤解吸/吸附特性

当煤储层压力降低至临界解吸压力以后,煤基质表面开始解吸出游离气,此时储层压力的降低开始受煤解吸/吸附特性的影响。由于煤层气在煤基质孔隙间的运动主要为扩散流,由 King 和 Ertekin 给出的扩散速率计算式可知,影响气体扩散速率的因素包括气体扩散系数、气体浓度、基质形状因子等。

由于实践过程中,气体扩散系数和基质形状因子测定相当困难,因此,通常使用吸附时间来近似表示解吸作用的快慢。吸附时间是指样品所含气体(包括损失气、解吸气和残余气)被解吸出 63.2% 所需的时间。随着吸附气的不断解吸、运移至裂隙网络系统,储层压力会不断向裂隙网络包围的煤基质中传递。由此可知,煤解吸/吸附特性是影响煤基质孔隙间压降传递的重要因素。因此,在煤层气排采进入气水两相流阶段以后,煤解吸/吸附特性将对煤储层压力传递产生重要影响。图 3-9 为沁水盆地 20 余口煤层气垂直井产气产水两相流阶段时间与钻孔煤样吸附时间统计关系。由该图不难看出,煤层气井产气产水两相流阶段持续的时间与吸附时间存在一定的正相关关系。然而需要说明的是,煤层气排采生产是一项涉及多方面的复杂工程,各排采阶段持续的时间受地质与人工各因素综合影响,吸附时间对产气产水两相流阶段持续时间具有重要影响,但非绝对控制。

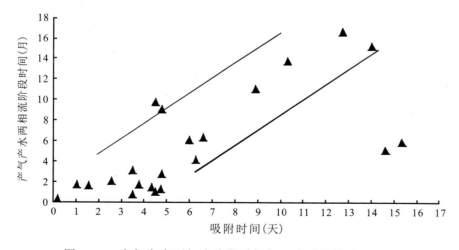

图 3-9 产气产水两相流阶段时间与吸附时间统计关系图

5. 储层边界条件

煤储层边界是指煤层的不连续界面,可以是断层,也可以是尖灭带或其他边界。它决定了在煤层气井排采影响范围内的水量,最终影响压力传递的范围。对于封闭性边界煤储层,当煤储层压降传递至煤储层边界后由于缺乏水源补给,边界处压力也随之下降;对于开放性边界煤储层,由于煤储层外部水源的不断补给,边界处压力保持不变,因此,随着排采的进行煤储层边界压力与井筒压差会越来越大,并制约有效解吸范围的扩大(图3-10)。

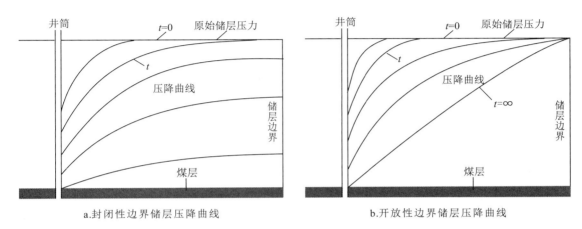

a. 封闭性边界储层压降曲线   b. 开放性边界储层压降曲线

图3-10 不同排采边界条件压降曲线

6. 井底流压

煤层中的流体之所以能够在大裂隙系统内汇聚至井筒,是因为排采过程中煤储层与井筒形成了一定的压差,即生产压差。当井底流压较大时,生产压差小,煤储层压力传递相对缓慢,当提高地面排水量降低井底流压时,煤储层压力传递速率增大。值得注意的是,煤层气排采初期由于煤应力敏感性及煤粉在裂缝中的运移,井底流压的变化可能造成煤储层渗透率的迅速降低,甚至裂缝堵塞,而这些因素又会限制煤储层压力的传递。因此,煤层气排采初期,井底流压与煤储层渗透率以及含水性综合影响煤储层压降的传递。

煤储层渗透率、含水性、含气饱和度、煤解吸/吸附特性以及储层边界条件为影响煤储层压降的内部因素,受煤储层地质条件决定,而井底流压则为外部因素。内部因素与外部因素相互影响,共同决定煤储层压降传递及其动态变化。由于煤储层是由煤层大裂隙系统内以及由裂隙网络包围的煤基质组成,因此,煤储层大裂隙系统及煤基质内压降传递的影响因素也不同。就影响煤储层压降的内部因素来看,煤储层大裂隙系统中的压降传递主要与渗透率、含水性、储层边界条件以及井底流压相关,而煤基质内的压降传递则主要与含气饱和度、煤解吸/吸附特性相关。

根据前文介绍,可将煤层气排采划分为排水阶段、产气产水两相流阶段、稳产气阶段和产气衰减阶段。煤层气井水力压裂正是一种通过改造煤储层有效渗透率来提高排采过程中煤储层压降传递速率及传递范围的有效增产措施。进入排水阶段以后,地面排采主要通过调控地面排水量和井筒液位来实现对井底流压的控制。该阶段压降传递受渗透率、含水性及含气饱和度影响。当进入稳产气阶段以后,压降传递主要发生在煤基质中,因此主要与煤解吸/吸附特性相关,但储层边界条件则影响有效解吸范围的扩展及排采生产压差。而产水产气两相流阶段煤储层压力达到临界解吸压力,此时含气饱和度不再影响煤储层压降,压降传递则受以上各因素综合影响。

第五节 实例分析

一、沁水盆地南部樊庄矿区煤层气井生产分析

1. 煤体与裂隙发育特征

樊庄区块地处沁水盆地东南部晋城斜坡带上,与寺河矿区相邻,位于其正北方(图3-11)。矿区内大量发育 ES 走向和 NNE 走向褶皱,多发育小尺度断层,自西向东断层行迹逐渐变少。区域地应力梯度为1.50MPa/100m。主力3号煤层,层厚3~8m,平均厚度5.5m,无烟煤。区内3号煤储层中发育1层厚度在0.1~0.2m之间的泥岩夹矸,距煤层底板约0.3m。区内东部和北部夹矸较为常见,其发育部位在煤层的中下部。煤层以半亮煤分层为主,内部少量发育半暗煤和光亮煤薄分层。壁面上可见小尺度外生节理,线密度为4条/10m。全区煤基质块平均渗透率低于0.15mD。东南部构造较为简单,褶皱数量和外生节理数量明显减少,但小尺度断层依旧可见。

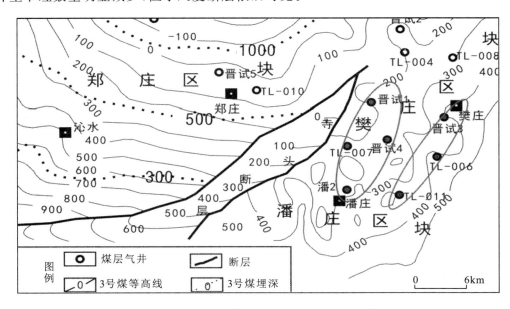

图3-11 沁水盆地南部部分矿区位置图

樊庄南区煤储层中夹矸破碎，坚固性系数 $f=0.4$，厚度 0.1m。夹矸内间断发育长度不等的水平节理 3～5 条/10cm。在水平节理间存在大量近垂直小裂隙，高度不等，最高约 0.03m。煤层整体破碎，用手轻捏即碎。樊庄北区煤层巷道壁面显示天然裂隙不发育，外生裂隙密度低 1 条/5m，垂向未穿透顶底板。外生裂隙周边内生裂隙的发育程度和规模高于远离外生裂隙部位。

2. 气井通道及生产分析

1 号目标煤层气井位于矿区中部，胡底乡西北侧的北倾斜坡上，生产井揭露目标 3 号煤层埋深为 666.5～670.6m，厚 4.10m。1 号目标井井型为下倾多分支水平井，井眼轨迹如图 3-12 所示，垂直开发生产井位于构造高部位。

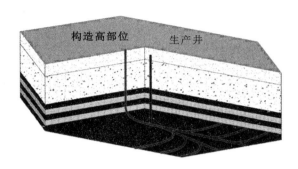

图 3-12 樊庄区块 1 号目标井井眼轨迹示意图

1 号目标井在顺煤层水平进尺段的钻进过程中，循环至地表的岩屑中常见 5～20mm 粒径的掉块，最大粒径未超过 35mm。出现时间不连续，间或出现，在返砂中占比最高达 45%。通常，停钻循环 5～8min 钟后，井壁掉块的情况会明显缓解或消失，未出现井口泵压突降和钻井液漏失严重情况。在主支井眼上侧钻划眼难度低，在二次找老井眼过程中，常直接划出新分支井眼。多分支井眼段的裂隙发育程度从掉块和钻井滤失方面来看，判断为小尺度天然裂隙发育，无大尺度外生裂隙。由于地应力的释放和钻井的扰动，井眼周围裂隙都存在一定程度的张开。因此该井的流体流动通道皆为扩张型流动通道。1 号目标井的流体流动通道组构成，如图 3-13 所示。

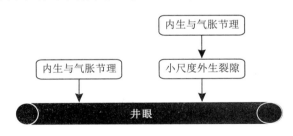

图 3-13 1 号目标井流体流动通道的构成简图

裸眼完井的 1 号目标井，煤粉的来源分为井眼内壁脱落和煤层产出。生产数据报表记录显示，1 号目标井常出现卡泵的现象，产出水质清澈，含细小颗粒。间接说明煤粉颗粒粒度较大，应当是来自井眼内壁的脱落，而非煤层内部。

多分支水平井由于分支多，煤层段总进尺长，因而沟通接触流体流动通道的总量会远大于直井、"L"形井或者"U"形井。如图 3-14 所示，樊庄矿区 1 号目标煤层气井的产水量初期最高达到 14.5m³/d。从排水降压作业开始，日产水量便随着井底流压的下降而下降。扩张型的通道因为内部流体压力的分布特征，出现闭合的可能性高。因此判断煤储层中的流体流动通道出现了一定程度的闭合。在井底流压降至 2.2MPa 时，套压迅速增加至 0.6MPa，产液伴随上涨。因为进入通道内的气相首先要驱替出液体，并占据通道的

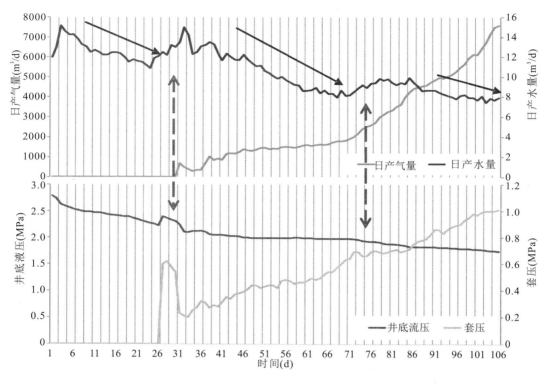

图 3-14 1 号目标井生产曲线图

上部空间,所以才会出现套压与产液同时上涨的现象。间接的也说明了与 1 号目标井井眼连接的流体流动通道多为垂向延伸。当流压降低至 1.95MPa 时,再次出现产气、产液、套压的同时增长,再次出现大面积的解吸产气现象。反映在距离抽采井不同距离的流体流动通道内,整体压降并不一致,越靠抽采井位置的通道内,整体压力值越低。因而出现了二次解吸产气的现象。伴随井底流压的缓慢下降,日产水量整体上一直处于衰减态势,体现出了扩张型通道导流能力不稳定,易闭合的特点。

樊庄区块 2 目标煤层气井位于端氏镇东北侧,位于樊庄矿区的西南部。为下倾多分支水平井,如图 3-15 所示。在顺煤层钻进过程中,煤层段钻井液的漏失速率由常规消耗速率 $2\sim 3m^3/h$ 增加至 $10\sim 15m^3/h$,常出现泵压的突然下降,下降幅度最大达 0.7MPa。反映井眼周围煤层煤体结构破裂严重。在循环至地表的岩屑中大颗粒较多,块状,片状,大小不均,最大达 $5\sim 7cm$(图 3-16)。颗粒最多时可布满振动筛的筛面。钻头前端常发生井眼的异常坍塌,导致泵压异常升高。在每次尝试进入分支井眼时,易遇到掉块、坍塌现象,并常划出新井眼。

2 号目标井的流体流动通道构成如图 3-17 所示,主要由外生裂隙组成,其中大尺度外生裂隙较发育,小尺度外生裂隙发育。同 1 号目标井的流体流动通道一样,井眼周围裂隙都存在一定程度的张开。因此判断 2 号目标井的流体流动通道皆为扩张型流动通道。与 1 号目标井的流体流动通道的情况一样,流动通道的导流能力与煤基质块差异大。

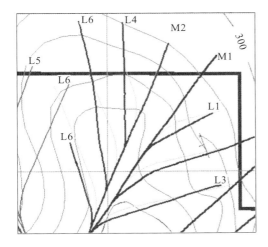

图 3-15 2 号目标井井眼轨迹

图 3-16 2 号目标井循环至地表岩屑块

2 号目标井的排采生产曲线,如图 3-18 所示。目标井在排采过程中一直存在煤粉产出和卡泵的现象,水质黑。2 号目标井的日产水量整体上为平滑的下落衰减趋势。在井底流压值稳定不变后,日产水量的衰减幅度明显变缓。流动通道导流能力的损伤包括通道的闭合和沉淀煤

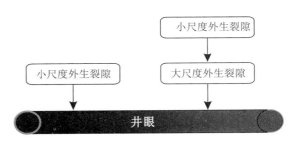

图 3-17 2 号目标井流体流动通道构成简图

粉的堵塞。多级组合构成的复杂流动通道,大尺度通道内的煤粉会在小尺度通道的流入处因流速下降而沉淀。但是产液量的衰减趋势表明,通道导流能力受影响的程度是由严重逐渐向轻微的过渡变化。由此做出判断,流动通道的闭合是通道导流能力衰减的主要原因。煤粉对通道导流能力的影响体现在产气曲线的波动上,表现为流体流动通道通而不畅的特点。发生闭合后的流动通道,张开宽度小,煤粉在其内部的堆积对流体的流动影响大。当通道内因流体流动不畅而形成足够的压差后,松散堆积于通道内的煤粉易于被冲开。压力释放后,通道内的压力梯度减小,流速下降,又再次出现煤粉堆积,通道受堵。2 号目标井在气相产出时,没有出现明显的产水量和产气量同时上涨现象。间接的证明了大尺度流动通道已经出现闭合。小尺度通道内部空间和通道壁面面积都小,少量的气相即可完全占据整个通道,抑制煤基质块对通道内的流体补给,不再出现气相驱替液相的明显迹象。

二、贵州平桥 PQT-1 井生产分析

1. 煤体与裂缝发育特征

PQT-1 井位于平桥向斜的核部,其主力目标煤层为 14 号煤和 16 号煤。平桥向斜

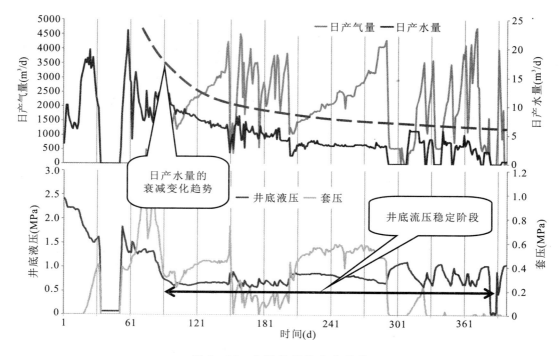

图 3-18 2 号目标井生产曲线

中间部位地层产状平缓,地层倾角低于 15°,未发现明显断层。14 号煤的测井深度显示为:225~227m;16 号煤的测井深度显示为:254~256m。两层煤的煤体结构都为:原生-破裂,煤体坚硬,多发育垂直层理面裂隙。两套煤层埋深接近,煤岩结构特征差异小,故将上下两套煤储层看作一个整体。

已分析表明,14 号煤层和 16 号煤层发育形成的主压裂裂缝为水平压裂裂缝,以压裂裂缝为主干,串联大量小尺度高角度的外生节理,部分内生节理和气胀节理直接或者间接与压裂裂缝连接,如图 3-19 所示。受限制于外生节理的尺度,外生节理所能够连接的内生节理数量有限。流体流动通道的组合方式有两种,一种为一条相对大尺度外生节理切入并连通相对小尺度裂隙,一种为单一的外生节理、内生裂隙或气胀节理直接与水平压

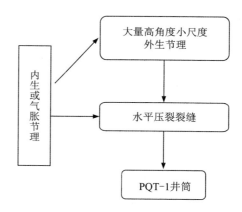

图 3-19 PQT-1 井流体流动通道组合简图

裂裂缝相连。两种组合方式构成的流体流动通道在垂向上的延伸长度有限,垂向上远离压裂裂缝的煤基质块很难被压降波及。在 14 号煤和 16 号煤的中间存在夹矸,异常渗透率夹层的存在亦会影响压降的垂向传递。PQT-1 井对煤储层的控制范围局限在压裂裂

缝附近,无法影响垂向上远离压裂裂缝部分。基于巷道壁面解剖观测的认识,煤层内小尺度外生节理、内生裂隙、气胀节理的张开宽度在壁面的变化极小,因此可视作平行型流体流动通道。

2. 气井通道与生产分析

PQT-1 井周边煤储层中可能出现煤粉运移的通道只有受压裂作用改造的小尺度外生节理。但压裂液在改造、撑开小尺度外生节理时,同时会带走内部天然存在的煤粉颗粒。因此,PQT-1 井产出煤粉的可能性低。

图 3-20 为 PQT-1 井的小时生产数据曲线。在排水降压的前 16 天,井底流压值由 1.7MPa 降到 0.9MPa,平均日压降幅度为 50kPa/d,日产水量由 $1.5m^3/2h$ 增加至 $4.5m^3/2h$。井口产水偶尔可见微量煤粉,水质清澈。表明在该压降制度下,部分流动通道内的流体流速达到了煤粉运移的最低速度要求,通道内的压力梯度接近或者达到了 15kPa/cm。因煤储层流动通道内的流体压力易受到流出端口压力变化的影响,流动通道与煤基质块导流能力的差异大。所以流动通道内无法保持一个相对稳定的压力梯度,持续增加产液量的结果会导致井底流压的快速下降。PQT-1 井的等温吸附测试结果显示,煤基质块的临界解吸压力为 1.17MPa。在第 14 天 PQT-1 井的井底流压值就已经降至 1MPa,但未能见到气相的产出。该现象的原因是因为流动通道与煤基质块之间的导流能力差异大,当采用高产液量,快速压降的排采办法时,虽然流动通道内的流体压力出现了大幅的下降,但短时间内煤基质块内的压降幅度并不能与通道内的压降同步,仍然保持了相对较高的流体压力。在井底流压大于 1.5MPa,产水量低于 $2.5m^3/2h$ 时,提高产液量,井底流压的下降速度并未出现大幅下降趋势。说明此时的产液略微大于煤基质块

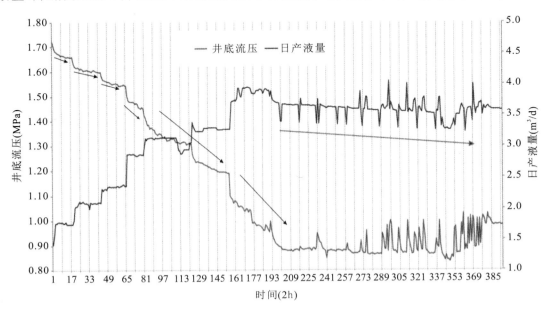

图 3-20 PQT-1 井的生产曲线图

对流体流动通道内的补给速率。在第 17 天,开始采用稳定井底流压的排采办法,将井底流压值维持在 0.9～1MPa 之间,煤储层无法维持产液量的稳定。该现象是因为煤基质块对流体流动通道的补给速率达不到抽排产出流体的速率,流体流动通道内的压力梯度变小。所以要稳定井底流体压力,就须减慢产液速率。煤层气井的产液能力一方面取决其沟通流体流动通道的数量,另一方面取决于煤基质块对流体流动通道内的补给速率。由于该井的流体流动通道与煤基质块存在较大的接触面,所以当煤质块内的压力降至临界解吸压力时,该井应当会有较高的产气表现。

诸如 PQT-1 井一类煤层气井,流动通道与煤基质块的导流能力存在较大差异,通道内部流体压力对通道流出端压力下降敏感,生产原则当以保护流动通道导流能力为主,快速将井底流压降至临界解吸压力,不仅不能带来煤层气的大规模解吸,反而容易带来潜在的煤粉沉淀堆积和流动通道闭合问题。

三、新疆阜康 FSL-2 井生产分析

1. 煤体与裂隙发育特征

新疆阜康 FSL-2 井为"L"形井,目标开发煤储层为 42 号煤层,42 号煤层厚度超过 20m,埋深主要在 700～1200m 之间。顺煤层井段的垂深高差约 300m。三开直接下套管,固井,套管下深 1031.28m。压裂段为 600～1017m,段长 417m,分六段进行压裂,压裂液滤失量大。排采压力显示值为井眼最深位置处压力值。该井周边参数井渗透率的平均值为 4.5mD。煤储层的煤体结构破碎,内部天然裂隙发育,夹矸不发育。煤储层内发育有大尺度外生裂隙、小尺度外生节理、内生裂隙、气胀节理。如图 3-21 所示,煤储层内流体流动通道存在三种组合方式,第一类组合方式的流体流动通道是一条连接压裂裂缝的大尺度外生节理切过小尺度外生节理、内生裂隙、气胀节理。第二类组合方式的流体流动通道由小尺度外生节理、内生裂隙、气胀节理通过首尾相接与压裂裂缝沟通连接。第三类组合方式的流体流动通道由小尺度外生节理、内生裂隙、气胀节理直接与压裂裂缝沟通连接。垂直层理

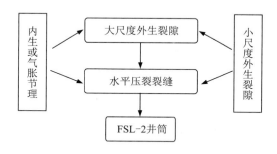

图 3-21 FSL-2 井流体流动通道组合简图

面延伸扩展的流体流动通道对压降在煤储层内的垂向传递至关重要。煤储层中流体流动通道的数量是煤层气井产水的一个关键因素,而另一个影响煤层气井产水的关键因素是煤基质块与流动通道之间的导流能力差异,差异越少,保持产液量稳定性的能力就越强。

2. 气井通道及生产分析

图 3-22 为 FSL-2 井的日排采生产曲线。由于 FSL-2 井的顺煤层段井眼沟通了数量众多的流体流动通道。在排水降压过程中,通过流动通道将压降传递进入煤基质块

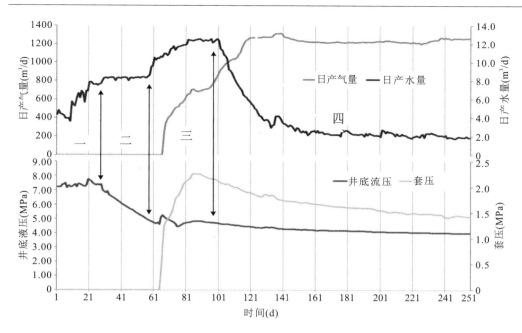

图 3-22 FSL-2 井生产曲线图

内的流动通道内壁面总面积大。在排采生产的第一个阶段,处于抽排压裂液阶段,受地应力的作用,被压裂液撑开的流动通道发生闭合,并挤出压裂液。在第 21 天,当产水量上涨至 8.4m³/d 时,井底流压出现下降的趋势。表明流动通道闭合挤出地下流体的过程已经基本结束。8.4m³/d 的日产水量是因煤储层弹性收缩而出现的一个值,并不能真实的反映出煤层的供液能力。从生产曲线的第二个阶段来看,该值远大于煤基质块对流体流动通道内的流体补给速率。在维持 8.4m³/d 产水量的 40 天里,井底流压下降了 3.2MPa,80kPa/d 的压降幅度。井底流压值为 4.8MPa,距离煤层的最上部约 100m。顺煤层下倾 L 型井眼,在煤层产煤粉不严重的情况下,煤粉会自然沉降至"L"形井眼顺煤层前端的深处。但在此 40 天内,出现了多次卡泵的迹象,并且地面偶尔可见少量煤粉产出。表明在该降压幅度下,通道内的煤粉发生了大规模的运移。通道内的压力梯度应当达到了 2×10^1 kPa/cm。在第三阶段,产水和产气出现了迅速上涨,井底流压保持不变。煤基质块内解吸后的游离气,开始聚集于通道内的相对上部位置,并同时驱替流动通道内的流体。第四个阶段,产水量下降至 2m³/d,气量上涨至 1200m³/d,井底流压值缓慢下降,降幅约 5kPa/d。套压持续下降,煤储层的供气能力无法维持 1200m³/d 的产出。通道内的气相占据了绝大部分的流动空间,液相的流出变得困难,包括煤基质块内液相的产出,煤储层内解吸供气面积得不到持续的扩展。判断该井井底流压保持下降,会出现新的产气高峰。在排采稳压阶段,煤储层中扩张型的通道应当出现了闭合。因为下倾井眼对煤基质块的降压会有高度差,上部煤基质块的解吸会早于下部,在稳定井底流压的过程中,不应当出现产水量大幅度下降。

第四章 煤层气排采设备与人工举升方法

第一节 煤层气井排采设备主要类型

煤层气井排采受地质条件控制,一般需要缓慢降压、连续抽排、平稳调控、快速作业。对于一个地区进行排采之前,需根据参数井生产特征,选择适当的排采设备,以满足生产制度的要求。煤层气井对煤储层的产出开发程度,在开发阶段直接受控于排采制度,以符合煤层气的产出规律。要保证排采制度的合理执行,避免异常的砂和煤粉的产出以及流通通道闭合等问题,以满足不同的煤储层地质条件。

煤层气常用的人工举升方式如图 4-1 所示。

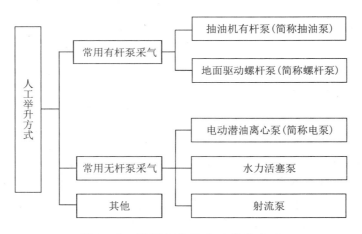

图 4-1 煤层气常用人工举升方式

煤层气井的排采设备可分为地面和地下两个部分,地面部分分为动力设备、调控设备、传动设备、管线、井口采油树,地下部分分为油管、抽油杆、泵、筛管、尾管、气液分离器等。排采设备的合理选择是保障煤层气井连续稳定排采的前提条件。设备必须保证稳定可靠、持久耐用、易于维修、节能低耗,较大的排液能力调控范围、较强的压力承受能力,对固相有较好的容纳能力。动力设备为电动机,将电能转变为机械能,用以驱动地面设备和泵的运转。调控设备包括变频器和减速箱,减速箱将高速运转的传动转变为低速稳定的机械运转,变频器可通过改变电动机的输入电流频率以改变电动机的输出转速。传动设备分为驱动头和抽油机。管线可以分为气相管线和液相管线,分别与采油树上不同的开口连接。采油树用以分开气相和液相,并为油管串提供悬挂台阶。地下设备的核心部件即为泵,需要考虑井深、压力、温度、流体介质、机械可靠性和可调控性。油管用来连接悬挂泵,为液体的流动提供通道。筛管用于分离固相,防止过多的固相颗粒进入泵筒内部。气液分离器的作用是为了降低泵吸入的气相含量,以保证泵的正常运转。尾管的作用是为固相提供一个沉淀的空间,以防止大量的固相堆积,阻碍气相的进入。

第二节 有杆泵举升设备

有杆泵主要是使用筒式泵与螺杆泵,是目前应用最广泛的一种机械排采设备,其主要特点是结构坚固,适用性好。可靠性高、耐久性好、工作稳定、结构简单、易损件少、操作维修简便、能量消耗低。电动机将高速旋转的转动,传递给减速箱,经减速后再次输出给抽油杆,以驱动泵的运转,实现排液。

筒式泵的工作有3个关键的部件:地面驱动用抽油机、油管柱下部的筒式泵本体、抽油杆柱。将地面设备的运动和动力传递给井下柱塞,驱使其上下往复运动。

抽油机有杆泵的工作有3个关键的部件:地面驱动用抽油机、油管柱下部的筒式泵本体、抽油杆注,将地面设备的运动和动力传递给井下柱塞,驱使其上下往复运动。

一、抽油机有杆泵

1. 抽油机

按照结构原理,抽油机可分为游梁式抽油机和无游梁式抽油机,游梁式抽油机又可分为常规式抽油机、前置式抽油机、异相型游梁式抽油机。无游梁式抽油机也依据传动差异分为链条抽油机、钢绳抽油机等。目前,煤层气行业主要大量采用的抽油机为常规式抽油机,其结构简单、工艺成熟、使用方便、耐用性好。

地面抽油机主要由底座部分、动力部分、减速部分、支架部分、游梁部分组成。底座部分主要起支撑其他设备重量、提供平稳工作台面的作用,通过螺栓联结方式,下部与水泥基座联结,上部与支架和减速箱联结。动力部分核心部件为电动机,大多数情况采用感应式三相交流电机,利用皮带传输动力,带动皮带轮转动。通过减速箱后,转速降低,转矩增加,曲柄连杆机构将减速箱输出旋转运动变成游梁的往复运动,安装于游梁井口端的驴头随游梁一同运动。减速部分主要包括减速箱、配重块、刹车、曲柄、皮带轮。皮带轮将皮带输入动力通过输入轴送入减速箱,将电动机输出的高速旋转运动转变为低速旋转运动,经由曲柄输出;配重块又叫平衡块,通常安装于游梁尾部或者曲柄端部,用于减少抽油机上下冲程的负荷差异;刹车也叫制动器,利用摩擦起到制动作用。支架部分用于支撑游梁和安装于游梁上的部件的全部重量,提供游梁运动的支撑点。游梁部分固定于支架之上,靠井口端安装驴头,另一端连接横梁和连杆,游梁带动驴头上下垂直往复运动。

游动式抽油机型号表示如图4-2。抽油机型号表示方式见图4-3。

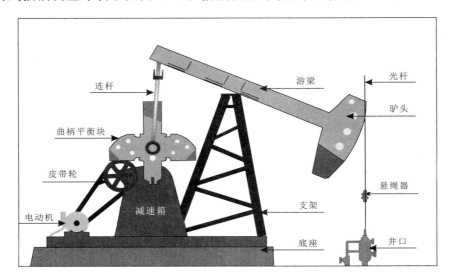

图4-2 游梁式抽油机结构示意图

(1)额定最大悬点载荷:悬绳器挂光杆处承受的光杆拉力的额定值,kN;它主要决定了抽油机的工作能力,影响可下井抽油泵的泵径与泵深。

(2)光杆最大冲程:光杆冲程系指抽油机驴头上、下往复运动时在光杆上的最大位移。调整抽油机冲程调节机构,使光杆能获得的最大位移,m;它主要决定了抽油机的基本尺寸与重量,影响油井的产量。

(3)最高冲次:冲次系指每分钟抽油机驴头上、下往复运动的次数。它主要关系着抽油机功率的配备,与光杆最大冲程一样影响油井的产量。

(4)减速箱额定扭矩:减速器输出轴允许的最大扭矩,kN·m。

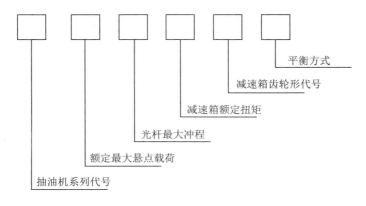

图4-3 抽油机型号表示方式

2. 抽油泵

抽油泵属于井下设备,通过柱塞的往复运动,在腔体内部不断形成真空,并抽吸液体,抬升举高液柱,将液体从井底运送至地面,由4个核心部件组成:泵筒、吸入阀、活塞、排出阀。根据固定的方式抽油泵可以分为管式或者杆式,煤层气行业普遍采用管式抽油泵。

图4-4为抽油机煤层气井井筒管柱结构图。

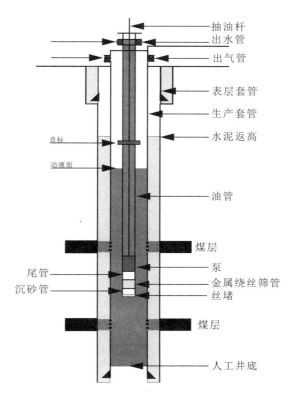

图4-4 抽油泵井筒管柱结构图

泵筒是一个工作筒,固定于油管串确定深度位置,下部安装固定阀。下井时,泵筒与油管连接后,一同下入井内,柱塞随抽油杆下入泵筒内,进入工作位。结构简单,工艺成熟,成本低廉,浅井工况适应性好。

当活塞上行时,游动阀受油管内液柱压力作用而关闭,并因为向上运动,挤压出活塞冲程长度的液柱。与此同时,活塞下面泵筒空间内压力降低,在环形空间的液柱压力作用下,井内液体顶开固定阀,进入泵内活塞所形成的真空空间。活塞下行时,泵筒内液体受压缩,压力增加,固定阀受液柱自重而闭合,当泵内压力超过油管内液柱压力时,泵内压力继续升高顶开游动阀进入油管内。如此往复,游动阀和固定阀不断交替关开,以此排出井内液体。

泵径:抽油泵柱塞的工程直径,mm。

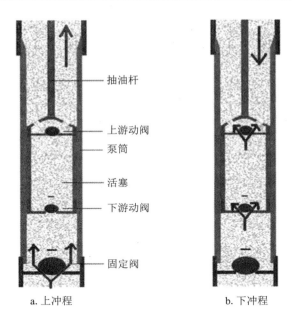

a. 上冲程　　　　b. 下冲程

图 4-5　抽油泵运行原理图

柱塞长度：泵柱塞的名义长度，mm。

泵筒长度：泵筒上下接箍之间的长度，m。

加长短节长度：泵筒上下所配加长短接的长度，m。

泵排量：$Q_t = 1440FSn$；其中 F 为柱塞横截面积，S 为冲程，n 为冲次。影响因素包括由于抽油杆弹性变形引起的有效冲程 S_p 小于悬点冲程、柱塞与泵筒之间存在漏失、泵阀关闭滞后引起的漏失以及自由气体的影响、液体体积受温度的影响。

泵效：实际排量与理论排量之间的比值。

二、地面驱动螺杆泵

地面驱动螺杆泵又叫渐进式容积泵，由地面驱动部分和井下配套部分组成。螺杆泵是依靠空腔排液，利用转子和定子的配合形成一个个互不连通的封闭腔室。当转子转动时，封闭腔室沿轴线方向，由吸入端向排出端方向运动。封闭腔室在排出端消失，空腔内的液体也随之由吸入端被带至排出端。与此同时，新的低压空腔又在吸入端重新形成。循环往复，封闭空腔不断地形成、运移、消失，将液体吸入、挤压、排出源源不断地将液相通过油管内腔举升至井口。

螺杆泵系统由 4 个主要部分组成：控制柜、驱动头、抽油杆、螺杆泵。控制柜是螺杆泵系统的控制部分，控制整个系统的运转，包括开启、关闭、调节、监测、记录、保护等一系列功能，以确保生产的正常与稳定。驱动头属于能量转换装置，将电能转化为机械能，使井下转子转动。地面驱动头将动力传递给抽油杆，抽油杆再传递给转子，实现运动的传递。螺杆泵由转子和定子组成，是利用摆线的多等效动点效应，转子和定子相对运动，使空腔

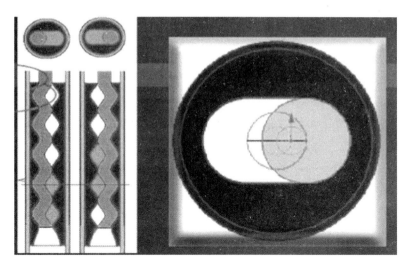

图 4-6 螺杆泵内部结构图

不断地产生、运移、消失,实现机械能和液体位能的转变。

螺杆泵有三个重要的结构参数:

e:转子偏心距,mm。

D:转子截面圆直径,mm。

T:定子导程,mm。

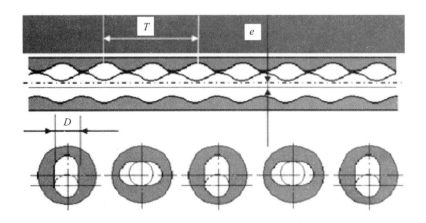

图 4-7 螺杆泵抽水原理图

转子属于螺杆泵内部活动件,其任一断面都是半径为 R 的圆,可以看作一根由大量半径为 R 的薄圆盘组成的长杠,所有圆的圆心分布于一条圆柱螺旋线上,圆柱的半径即为 e。定子的断面是由两个半径为 R 的半圆和两个长度为 $4e$ 的直线段组成的长圆形。定子置于转子内部,每一个横截面上,有且只有两个互相接触的点,不同横截面上,接触点位置不一样。接触点在有效的长度范围内构成两条空间密封线,将定子内部按照导程 T 分成一定数量的密封腔。当螺杆泵工作时,空腔容积不断变化,并且从吸入端形成,最终运移至排出端消失,实现泵的排液作业。理论排量值为:$Q=4eDTn$,其中 n 为转子转速。

螺杆泵转子上两个相邻螺纹之间的距离称为螺距,每两个螺距称为一个导程,通常规定一个导程为一级,单级的导程一般不大于70m,最大工作压差一般不大于0.7Mpa。转子与定子间的过盈配合量是工作压差的关键影响因素,过盈量不仅影响密封效果,也会影响设备的能耗和磨损。

泵的规格型号通常分为两类(图4-8)。螺杆泵排采设备维护量小,防砂、煤粉能力强,但一般不适应于斜井。

螺杆泵排采设备维护量小,防砂、煤粉能力强,但一般不适应于斜井。

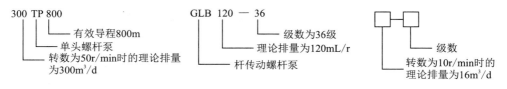

图4-8 钻杆泵规程表示方式

第三节 无杆泵举升设备

为区别于有杆泵,无杆泵是一种不利用抽油杆等杆件来传递能量驱动的泵,通常采用电缆、液体等直接驱动井下的工作泵,避免了由杆件所引发的所有事故问题,改变了有杆设备的工作管理方式。目前,较广泛使用的无杆抽油设备有电动潜水离心泵、水力活塞泵、水力射流泵。

一、电动潜水离心泵

电动潜水离心泵(简称电潜泵),是将电动机和泵一起下入井底液面之下的井下举升装置。其工作原理为利用油管将多级离心泵下入井底,在地面通过变压器、控制屏和传输电缆将设定的能量输送给井下潜油电机,电机带动多级离心泵旋转,电能转变为机械能,将井底液体举升至井口。电潜泵由3个部分、7个大件组成,井下部分有潜油电机、多级离心泵、保护器、气体分离器,中间部分为电缆,地面部分有变压器、控制柜、接线盒。煤层气井电动潜水离心泵开筒管柱结构如图4-9所示。

潜油电机为三相鼠笼异步电机,位于系统最底部,将电能转变为机械能,为多级离心泵提供动力,由定子、转子、止推轴承和冷却循环系统组成。

多级离心泵由转动部分和固定部分组成,叶轮是其核心部件,通过叶轮的快速转动,将机械能转变为举升用的液体压能。

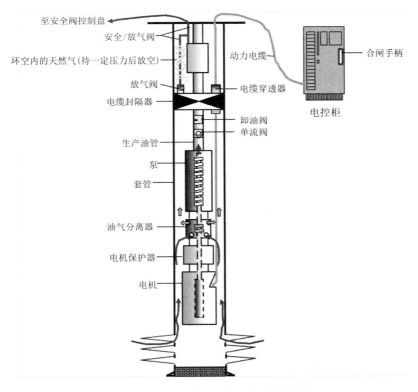

图 4-9 电动潜水离心泵井筒管柱

保护器又叫做潜油电机保护器,位于潜油电机与分离器之间,上接分离器,下接潜油电机。主要作用有防止井液进入潜油电机、平衡或补偿潜油电机内部润滑油的损失、平衡潜油电机内外压力、连接并承受轴向力的作用。

气体分离器位于潜油泵的下端,属于泵的吸入口,将吸入流体中的气体部分分离出来,避免吸入气体,影响泵的正常运转。多数是利用气液密度的差异将两者分离。

控制柜是一种专门用来保护工控机、显示器、电路等电子元器件的一个柜子,并集成了电动潜水离心泵工作启动、停止、运行参数记录、存储、监测等功能。

在泵出水口上部1~2根油管处安装单流阀,用于防止停泵的液体回流和保持足够的回压。在单流阀之上1~2根油管处安装泄流阀,检泵作业时,放空上提管柱内的液体,以减轻上提负荷和防止污染井口平台及其周边环境。

电潜泵相对于螺杆泵和柱塞泵,排液能力更强,扬程范围更大,但调控性相对较差,更适合于大产液煤层气井。

二、水力活塞泵

水力活塞泵是一种液压传动的无杆抽油设备,有地面和井下两部分。井下的主要部分由液压马达、抽油泵和滑阀控制机构组成。通过液体传递动力,加压液体经由动力液管线传至井下，滑阀控制机构在压差作用下不断改变液体流向，以驱使液压马达不停往返运动，从而带动柱塞泵举升地下水。

水力活塞泵系统由地面部分、地下部分以及中间部分组成。其中，地面部分主要由地面动力泵、各类控制阀组成及动力液处理设备组成，主要为井底提供高压动力液以及处理井底排出液；地下部分作为主要组成部分，由液动机、水力活塞泵和滑阀控制机构组成，作用为抽水；中间部分则是为动力液和产出液提供传动通道的管路设备。系统组成如图4-10所示。

按照水力活塞泵采油系统动力液性质，可将其分为原油动力液采油系统和水基动力液采油系统。水力活塞泵的动力液循环方式包括开式和闭式。其中，开式循环方式动力液与产出液混合，闭式循环方式动力液不与产出液混合。

下冲程：主控滑阀位于下死点。高压动力液从中心油管经过通道a进入液压马达的下缸，作用在活塞的环形端面上；同时，高压动力液经过通道b进入腔室c，再由通道d进入液压马达上缸，作用在活塞上端面上。由于活塞上、下两端的作用面积不一样，产生压差，使得液压马达带动柱塞向下活动。活塞杆本身即为一个辅助控制滑阀，在杆体上下部开有控制槽e和f。当活塞杆子接近下死点时，上部控制槽e沟通主控滑阀上下端的腔室c和g，使高压动力液由控制槽e进入主控滑阀的下端腔室g。由于主控滑阀下端面积大于上端的面积，在高压动力液的作用下产生压差，将主控滑阀推向上死点，从而完成下冲程（图4-10）。

上冲程：主控滑阀位于上死点。高压动力液从中心管经过通道a进入液压马达下缸。由于主控滑阀堵塞了通道b，使得高压动力液不能进入液压马达的上缸。液压马达上缸通过通道d、主控滑阀中部的环形空间h与外部流体接触。在液压马达上下缸的压差作用下，液压马达活塞带动泵的柱塞向上运动。上缸中工作过的动力液和抽取的地层液混合后举升至地面。当活塞杆接近上死点时，下部控制槽f与主控滑阀的下腔室以及地层液体连通，主控滑阀被推向下死点，而液压马达重新开始新的往复运动，上冲程结束。

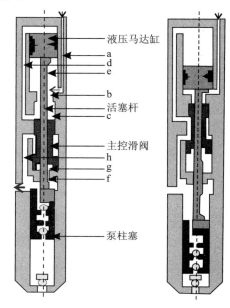

图4-10 水力活塞泵结构示意图

由于水力活塞泵内部存在活动阀件，当液体中存在固相颗粒时，阀件的密封性易受影响，泵效会出现降低。因为中间部分没有活动件，所以水力活塞泵可适应大多数的定向井。对于自由安装插入式的水力活塞泵，可通过绳索或者动力液将井下泵体打捞，检泵周期短，作业工作灵活。水力活塞泵的工作原理决定其泵效与井底压力关联不大，能较好适应低井底流压井。

三、水力射流泵

水力射流泵是利用射流原理将注入井内的高压动力液的能量传递给井下产液的无杆水力采油装置。射流泵采油系统与水的活塞泵采油系统的组成相似,由地面储液罐、高压地面泵和井下射流泵组成。水力射流泵是利用了能量守恒定律,主要由喷嘴、喉管以及扩散管组成。喷嘴将流经的高压动力液的压能转换为高速流动的液体动能,在喷嘴外侧附近形成低压区。高速流动的低压动力液吸入地层产出液,在喉管处混合后进入扩散管,扩散管截面不断扩大,流速开始降低,动能转变为压能,混合液压能聚积足够后,液体被举升至地面井口。喷嘴位于喉管的入口处,将来自地面的高压流体的压能转换为高速的流动液体,使得井内液体被吸入喉管。喉管是一个直的圆筒,长度大约为直径的7倍,比喷嘴直径大,是动力液体和地层液体混合的地方,在这里动力液把能量传递给扩散管内液体。扩散管与喉管相连,面积逐渐增大,动力液和地层液体进入扩散管后,流速逐渐降低,并将绝大部分的动能转变为压能,以此将井底液体举升至地面。水力射流泵的排量与导程取决于喷嘴面积与喉管面积之比。水力

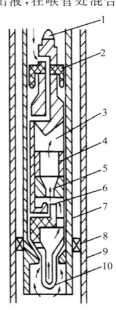

图 4-11 水力射流泵结构示意图
1.打捞头;2.提升皮碗;3.排油孔;4.扩散器;5.眼管;6.喷嘴;7.油管;8.封隔器;9.套管;10.尾管

射流泵系统与水力活塞泵系统组成相似,由地面动力装置提供动力液,经中间部分导管注入井下泵内,在泵内实现能量的转变与传递,最后通过压能的集聚实现地下流体的举升。

水力射流泵通过液体压能与动能之间的能量形式变化来运送液体,没有活动部件,结构简单紧凑,但是由于高压动力液通过喷嘴时的水力阻力损失和高速流体与井底地层产出液的混合损失,水力射流泵的效率远远低于容积式泵。

由于射流泵需要借助井底流体的压力来保证抽吸效率,所以对低井底流压煤层气井的适应性较差,对泵的沉没度有严格的要求。

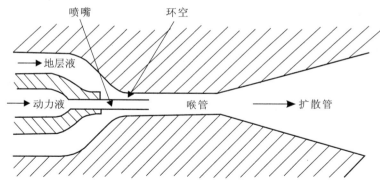

图 4-12 水力射流泵工作原理示意图

第四节 其他举升方式

为了适应特殊煤层气储层开发地质条件,国内外发展了其他类型的排水采气设备。

一、气举

气举排水采气包括气举阀排水采气和柱塞气举排水采气。前者是通过气举阀,从地面将高压煤层气通过油套环空或者油杆环空注入井中,利用气体的能量举升井筒中的井液,使井恢复生产能力。后者则是将柱塞作为气液之间的机械界面,依靠气井原有的气体压力,以一种循环的方式推动活塞在油管内上下移动,将井内液体带出,同时阻止液体的回落,消除了气体穿透液体段塞的可能,从而减少滑脱损失,提高举升效率(图4-13)。

气举排水采气的特点为:①气举地面设备少,井下管柱相对简单,但在技术上要求很高,一次性的投资高;②一般将压缩煤层气作为气源用于气举,气举的最大特点是能够处理固体颗粒,不受出砂的影响,机械方面的影响和受气体的影响较小;③能适应开采初期的大排量排水;④受井斜的影响较小。

此外,为了增加气举排水效率,部分井生产过程中会向井筒加入表面活性剂,使井底流体与表面活性剂充分接触,依靠产出煤层气的搅动,形成大量低密度泡沫,随气流运移至地面。

二、电潜螺杆泵

电动潜油螺杆泵又称为煤层气智能井下电机驱动螺杆泵排水采气装置,是一种结合了潜油电泵和螺杆泵优点的新型抽采设备,将螺杆泵的地面驱动变成由电机直接通过减速器驱动,去掉了抽油杆,解决了因抽油杆螺纹和接箍原因造成的脱扣、断杆及偏磨等问题。电动潜油螺杆泵与其他采油设备相比,具有适应井液范围广、没有杆柱磨损、管理简单、高效节能等优点,适用于常规抽油设备如杆式泵、电潜泵等难于运行的稠油井、含砂

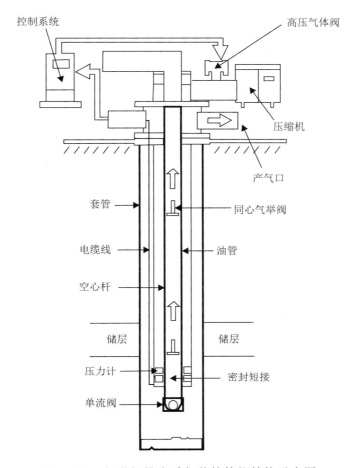

图 4-13 气举阀排水采气井筒管柱结构示意图

井、含气井;尤其是杆式泵难以适应的水平井和定向井的采油采气作业中。

电潜螺杆泵包括井下部分和地面部分:井下传动部分结构简单(图 4-14),从下向上依次为潜水电机和螺杆泵。其他配件有单流阀、变径接头、电缆、扶正器和压力传感器等。

煤层气智能井下电机驱动螺杆泵排水采气装置的技术特点如下:

(1)使用变频器配合直驱型潜水电机的设计,简化了传动链,进而减小了机组的尺寸,提高了系统的稳定性。

(2)安装有井下压力传感器和地面套压表,可以采集压力信号并计算出液面位置,进而能够自动控制液面,达到智能排采的目的。

三、直线电机

1.系统组成

电潜直线往复排采装置包括井上设备和井下设备。井上设备主要包括井口及井口流程,控制系统等;控制系统的主要功能包括:排量控制设定、液面控制设定。每一冲程的上行、上停、下行、下停参数由控制系统电脑自动计算分配。真正实现采油和煤层气的自动排采。

井下设备主要包括单作用泵或双作用泵和直线电机组成。直线电机安装在单作用泵或双作用泵下方,而以动子推动单作用泵或双作用泵做上下运动。优化设计电潜直线往复排采装置,在井深 400~500m 煤层气排采节能环保功率仅有 1~3kW。

2. 工作原理

煤层气直线潜油智能排采系统的两大关键部件为直线电机和抽油泵,直线电机的上下直线运动来带动双作用泵上下运动,实现抽吸。系统运动原理如图 4-15 所示。

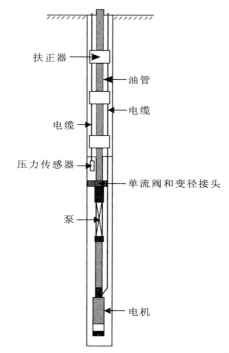

图 4-14 电潜螺杆泵井下设备结构示意图

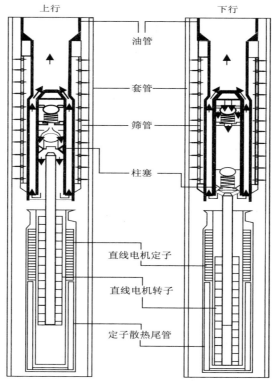

图 4-15 直线潜油排采原理图

上行运动:直线电机动子向上运动,带动柱塞向上运动,柱塞阀打开,上部固定阀关闭,泵内液体通过柱塞阀(打开的),途经环行空间向井口流动,实现液体的举升。

下行运动:直线电机动子向下运动,带动柱塞向下运动,此时,柱塞阀关闭,上部固定阀打开,带动泵下部液体途经环行空间向井口流动,实现液体的举升。

其中,筛管与上部固定阀上端连通,当柱塞下行时,井液途径筛管、上部阀(打开),进入泵筒上部,为上行做准备。

直线电机原理与旋转电机原理近似,可认为直线电机是旋转电机在结构方面的一种演变,将一台旋转电机沿径向抛开,然后将电机的圆周展开成直线,即成为原始的直线电机。如图4-16所示,由定子演变而来的一侧称为初级,由转子演变而来的一侧称为次级。

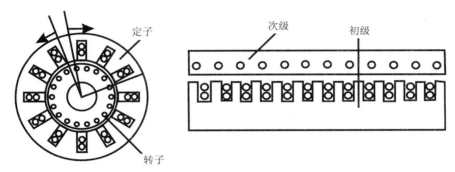

图4-16 直线电机原理图

第五章 煤层气井流体产出动态变化

影响煤层气产量变化的主要地质因素包括煤体结构、煤含气量、埋深、厚度、裂隙系统发育特征、渗透率、解吸/吸附特征、储层压力、水文地质条件以及地应力等。不同煤层气藏地质条件下煤层气井生产曲线一般特征不同。

第一节 沁水盆地南部煤层气井生产曲线特征

一、沁水盆地南部煤层气藏地质条件

1. 地理位置

沁水盆地南部系指山西省长治、高平、晋城、阳城、沁水、安泽一带(图 5-1),东西约 80km,南北约 120km,面积约 7000km²。地理坐标为北纬 36°01′26.46″,东经 112°51′25.11″。研究区陆路交通四通八达,十分便利,太焦铁路、候月铁路纵贯本区,晋焦高速、长晋高速、晋阳高速、晋韩公路、太洛公路、207 国道等各级道路在本区交织成网。

2. 含煤地层

区内主要的含煤地层为古生界上石炭统太原组和下二叠统山西组,主采煤层为 3#、9#、15# 煤层,可采煤层平均总厚度为 10.72m,可采含煤系数为 7.75%。

3# 煤层位于山西组下部,厚度 3.8~7.6m,平均厚约 6.13m,含夹矸 0~4 层,夹矸厚度一般小于 0.2m。3# 煤埋深比 15# 煤浅 90~110m,宏观煤岩类型多为半亮煤,底部可见暗淡煤,煤层顶板一般为粉砂岩,底板多为泥岩。15# 煤层厚度为 2.09~8.00m,平均为 3.71m,宏观煤岩类型多为光亮、半光亮煤,一般含夹矸 1~4 层,且夹矸单层厚度一般小于 0.60m。9# 煤层结构较为简单,一般不含夹矸,煤层厚度为 0.63~1.45m,平均厚度为 1.07m。

3. 构造

尽管沁水盆地总体上构造较为简单,但内部的构造分异显著,这也导致了该地区控气构造动力条件的复杂化。盆地南部以寺头断裂为边界,其西部地区以高角度正断层为主,东部北北东向与东西向褶皱叠加格局为主;盆地中部块段构造发育,构造变形显著;盆地

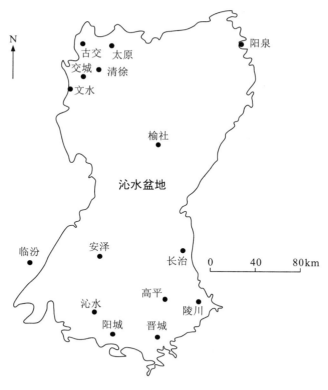

图 5-1 山西省沁水盆地位置图

北缘正断层相对发育,以北北东向褶皱以及东西向褶皱叠加格局为主。因此,沁水盆地东南部以及北缘地区的构造条件有利于煤层气的富集。

4. 煤含气性

根据沁水盆地南部煤层气地面抽采井测井资料煤含气量定量解释成果,晋城矿区潘庄区块的潘一区块 $3^\#$ 煤含气量为 $14.48\sim30.38m^3/t$,平均为 $22.84m^3/t$。潘二区块煤含气量在 $19.50\sim28.33m^3/t$,平均为 $22.79m^3/t$。成庄区块 $3^\#$ 煤含气量平均值为 $9.57m^3/t$,实测最大为 $16m^3/t$。樊庄区块 $3^\#$ 煤的含气量普遍比较高,一般为 $14\sim18m^3/t$,总体呈现西北高东南低的特点。郑庄区块 $3^\#$ 煤的含气量变化较大,实测最大为 $30.04m^3/t$,最小含气量为 $1.49m^3/t$,平均含气量为 $19.66m^3/t$。该地区含气量变化差异较大,这可能为该地区内部构造分异特征所致。长治矿区古城区块实测的 9 个钻孔 $3^\#$ 煤含气量为 $8.99\sim18.22m^3/t$,与晋城矿区相比,总体含气量比较低,且横向变化比较大。总体来看,沁水盆地南部煤储层含气量呈指纹状由盆地边缘向盆地中心逐渐增加的特点。

沁南地区 $3^\#$ 煤层含气饱和度变化范围较大,一般在 $20.60\%\sim128.01\%$ 之间,平均为 70.53%。$15^\#$ 煤层含气饱和度分布较为集中,一般为 $21.39\%\sim98.70\%$,平均 59.47%,含气饱和度呈现由东向西、由南向北递增的趋势。

二、沁水盆地南部晋城矿区煤层气生产曲线特征及类型

1. 潘庄区块

通过对潘庄区块煤层气井的生产曲线归类整理,根据产气量的变化趋势将潘庄区块煤层气井的生产曲线形态可以分为以下几种:①"衰减"型,主要表现在产气量一开始就比较高,基本不产水,产气量慢慢减少,这种生产曲线形态一般为干井的生产曲线特征;②"缓坡"型,生产曲线主要表现在产气量较低的时段较长,随着排采时间的增加,产气量缓慢增加,这种生产曲线一般为高产水井和产水井的生产曲线特征;③"台阶"型,生产曲线主要表现在排采的初期产气量较高,随着排采的增加,产气量继续增加,这种生产曲线一般为高产水井和一般井的生产曲线特征;④"正常单峰"型,主要表现在产气量在排采的中期出现了高峰后开始缓慢下降,这种生产曲线类型主要出现在一般井中;⑤"双峰"型,主要表现在产水产气阶段出现了一个产气的小高峰,在产气阶段再次出现了产气的高峰,这种生产曲线类型主要出现在产水井和一般井中。

如图 5-2 所示,S-9 的曲线形态是"衰减"型生产曲线形态的实例,这种类型的煤层气井基本不产水或者产水很少,在排采的初期产气量比较高,但是产气量随着时间的增加慢慢减少。这种类型的煤层气井部分是高产井,也有少部分的井产水量较高,产气量呈衰减的趋势。此类型的煤层气井生产曲线形态在潘庄区块占到 4% 左右。

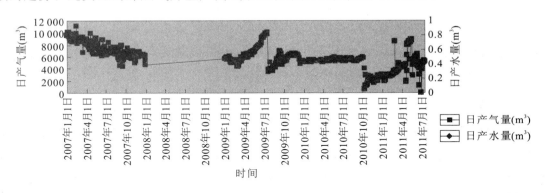

图 5-2 潘庄区块"衰减"型生产曲线实例图

如图 5-3 所示,S-3 的曲线形态是"缓坡"型生产曲线形态的实例。这种类型的煤层气井基本产水时间很长,低产时段长短不一,在 1~3 年变化。这主要取决于煤层气井的产水情况。低产时间较短的煤层气井一般为产水井,低产时间达 3 年以上的煤层气井为高产水井。当经历完低产时段,产气会迅速增加,增加的幅度达到 5 倍以上。这类型的煤层气井占到 36% 左右。其中潘二区块这种类型的煤层气井比例更多。

如图 5-4 所示,S-12 的曲线形态是"台阶"型生产曲线形态的实例。这种类型的煤层气井的产水情况变化比较复杂,产水量有多有少。这样类型的煤层气井的产气量在排采初期就相对较高,随着排采的增加,产气量不断地上升。这种类型的产气曲线形态在潘

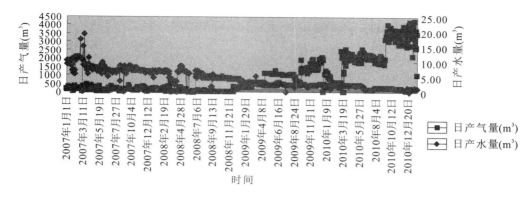

图5-3 潘庄区块"缓坡"型生产曲线实例图

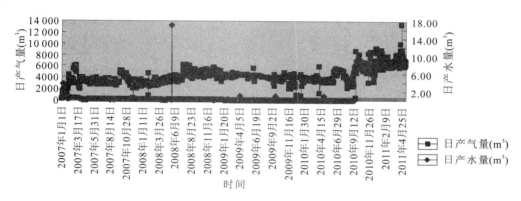

图5-4 潘庄区块"台阶"型生产曲线实例图

庄区块占到了23%左右。

如图5-5所示,S-45的曲线形态是"正常单峰"型的生产曲线形态的实例。这种类型的煤层气井产水情况一般,在排采过程中出现了采气的高峰期,但是时间较短,之后开始了产气的衰减,但衰减较慢,这种类型的生产曲线形态在潘庄区块占到了18%左右。

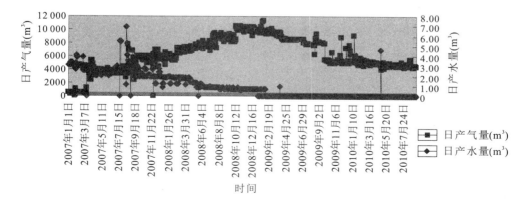

图5-5 潘庄区块"单峰"型生产曲线实例图

如图 5-6 所示，S-23 生产曲线形态是"双峰"型实例。这种类型的煤层气井产水情况一般，在产水产气阶段出现一个产气的小高峰，之后在产气阶段再出现一个产气的高峰期。这种类型在潘庄区块占到 17% 左右。

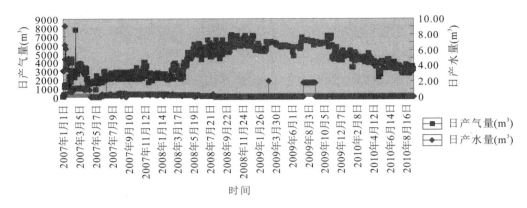

图 5-6　潘庄区块"双峰"型生产曲线实例图

2. 成庄区块

根据煤层气井的产气量的变化趋势，成庄区块煤层气井的生产曲线类型主要有以下几种类型：

1）"缓坡"型生产曲线类型

"缓坡"型生产曲线类型表现在产气初期产气量较低，在产气后期产气量较高，产气量较低的时段大概持续一年左右。这样类型的生产曲线在一般井、产水井、干井中都存在。如图 5-7 所示，C-6 井为成庄区块干井的"缓坡"型生产曲线实例，排采的第一年日产气量约 500m³，第二年产气量增加了一倍，在第三年产气量再次增加了两倍。图 5-8 的 C-8 井为成庄区块一般井的"缓坡"型生产曲线的实例，产气的初期产气量较高，日产气量约 1000m³，之后随着排采的进行，产气量慢慢上升。图 5-9 为成庄区块产水井的"缓坡"型生产曲线的实例，排采约一年后产气量有明显的上升。综合统计，这种类型的生产曲线是

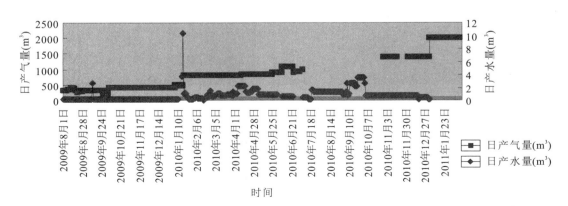

图 5-7　成庄区块干井的"缓坡"型生产曲线实例

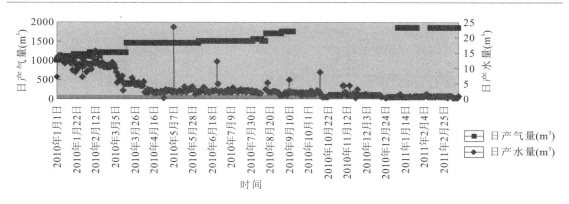

图5-8 成庄区块一般井的"缓坡"型生产曲线的典型实例

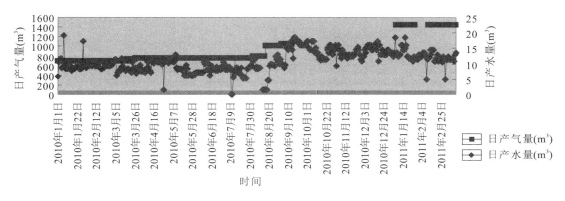

图5-9 成庄区块产水井的"缓坡"型生产曲线的典型实例

成庄区块的主要类型,约占到60%左右。

2)"正常单峰"型生产曲线类型

"正常单峰"型生产曲线类型表现在排采的过程中产气量呈现过高峰的状态,之后产气量开始减少。例如,图5-10为"正常单峰"型生产曲线类型的实例。在排采的初期产气量较低约500m³,排采约半年左右,产气量增加到3000m³,排采约半年左右之后产气量开始降低。这种类型的生产曲线类型在成庄区块占到了15%左右。

3)"双峰"型生产曲线类型

主要表现为产水产气阶段出现了一个产气的小高峰,在产气阶段再次出现了产气的高峰。如图5-11为"双峰"型生产曲线类型的典型实例,在排采了5个月的时候出现了产气的小高峰,之后产气量开始减少趋于平缓,再排采约一年之后,产气量再次升高。这种类型的生产曲线在成庄区块约占到15%左右。

3. 樊庄区块

樊庄区块煤层气井生产曲线类型比较多样化,这表明樊庄区块煤储层的差异性比较明显。总的可以概括为5种类型。

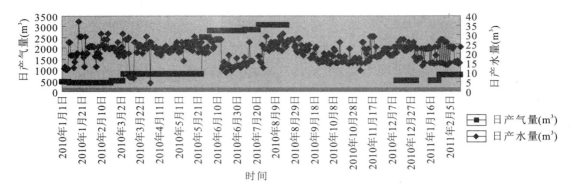

图 5-10 成庄区块"正常单峰"型生产曲线的典型实例

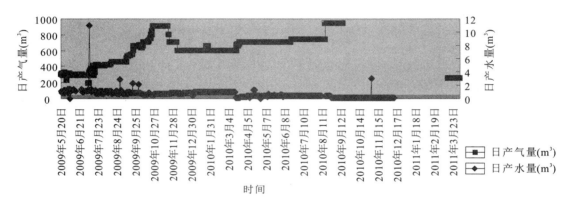

图 5-11 成庄区块"双峰"型生产曲线的典型实例

1)"台阶"型生产曲线类型

这种类型的生产曲线在樊庄区块煤层气井中占 10% 左右。如图 5-12 所示,煤层气井在开始产气后,产气量短时间内达到高值,在后期的排采过程中,产气量基本不衰减。这种类型的生产曲线的煤层气井平均产气量差异比较明显,日产气量在 $200 \sim 3000 m^3$。

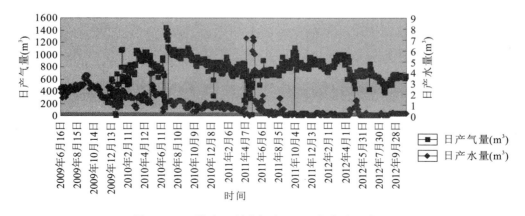

图 5-12 樊庄区块"台阶"型生产曲线实例图

2)"双峰"型生产曲线类型

这种类型的生产曲线在樊庄区块煤层气井中占到22%左右。如图5-13所示,煤层气井在刚开始产气的5个月内形成了第一个产气的小高峰,这个产气高峰迅速衰减,之后产气量迅速上升。"双峰"型的生产曲线第一个产气高峰的时间具有差异性,从几个月到1年之间变化不等。这种类型的生产曲线的日均产气量高于1000m³的煤层气井占到90%左右。

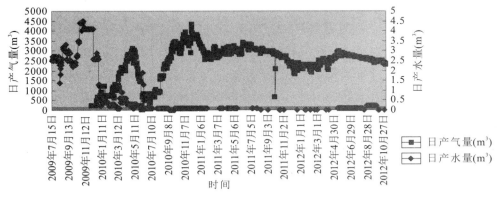

图5-13　樊庄区块"双峰"型生产曲线实例图

3)"单峰"型生产曲线类型

"单峰"型的生产曲线类型煤层气井在樊庄区块占39%,其中"单峰"型生产曲线类型分为两种:第一种为"正常单峰"型生产曲线,如图5-14所示,煤层气井在排采5个月后出现了产气高峰期,之后产气量缓慢降低直到平稳;第二种为"衰减单峰"型生产曲线,如图5-15所示,煤层气井在产气两个月出现了产气的高峰,之后产气量迅速衰减。这两种类型的"单峰"型生产曲线类型煤层气井所占的比例基本相同。第一种"单峰"型生产曲线类型的煤层气井产气量较高,第二种"单峰"型生产曲线类型的煤层气井产气量一般较低。

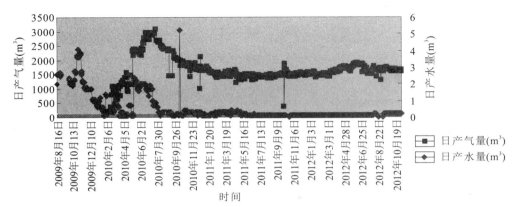

图5-14　樊庄区块"正常单峰"型生产曲线实例图

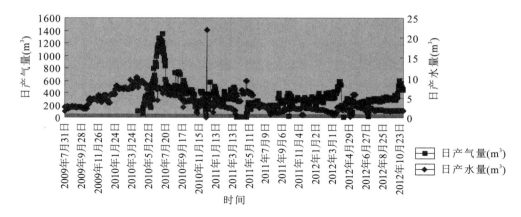

图 5-15　樊庄区块"衰减单峰"型生产曲线实例图

4)"缓坡"型生产曲线类型

"缓坡"型生产曲线类型在樊庄区块煤层气井中占到了 5% 左右。如图 5-16 所示,煤层气井在经历了一个缓坡阶段后,产气量明显地翻倍增长。缓坡阶段的时间差异性比较明显。基本都在 1 年以上,这种类型的生产曲线的煤层气井产量都比较高,基本属于高产气井。

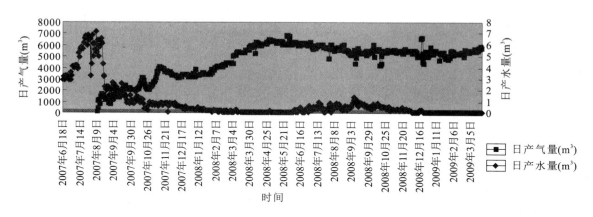

图 5-16　樊庄区块"缓坡"型生产曲线实例图

5)"不稳定"型生产曲线类型

"游离"型生产曲线类型在樊庄区块煤层气井中占到了 24% 左右。如图 5-17 所示,"游离"型生产曲线的产气特点是产气的不连续性和不稳定性。从产气原理上来说,基本没有形成连续的解吸气,只是以断断续续的游离气的形态产出。这种生产曲线类型的煤层气井产水量都比较高。

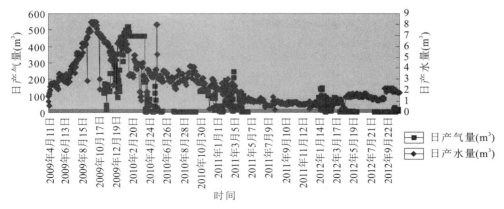

图 5-17　樊庄区块"不稳定"型生产曲线实例图

4. 郑庄区块

郑庄区块的煤层气井的生产曲线总体上体现了一种多变化的曲线特征,呈现了忽高忽低的产气特征。整体上,郑庄区块的生产曲线可以归纳为 5 种。

1)"不稳定"型生产曲线类型

图 5-18 所示为郑庄区块"游离"型生产曲线实例图,产气量呈现较大的变化和不稳定性。这样的生产曲线类型在郑庄区块占到了 45% 左右。

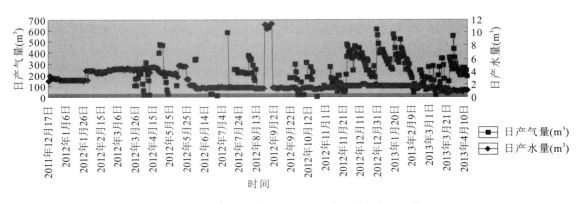

图 5-18　郑庄区块"不稳定"型生产曲线实例图

2)"单峰衰减"型生产曲线类型

图 5-19 为郑庄区块"衰减"型生产曲线实例图,图中显示煤层气井产气量从日产气量 1000m³ 衰减到不产气,产气量呈现较大的变化。这样的生产曲线类型在郑庄区块占到了 12% 左右。

3)"单峰"型生产曲线类型

图 5-20 为郑庄区块"单峰"型生产曲线实例图,图中显示煤层气井产气量呈现一个

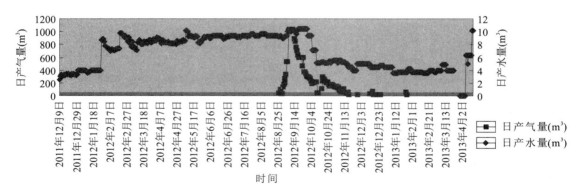

图 5-19　郑庄区块"单峰衰减"型生产曲线实例图

峰值的变化。这样的生产曲线类型在郑庄区块占到了 20% 左右。

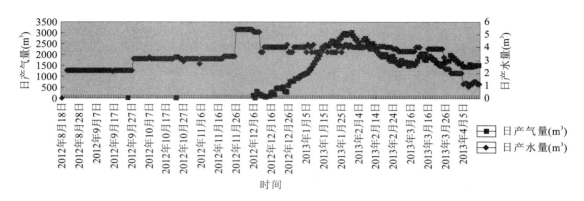

图 5-20　郑庄区块"单峰"型生产曲线实例图

4)"缓坡"型生产曲线类型

图 5-21 为郑庄区块"缓坡"型生产曲线实例图,图中显示煤层气井产气量呈现从低到高的变化。这样的生产曲线类型在郑庄区块占到了 3% 左右。

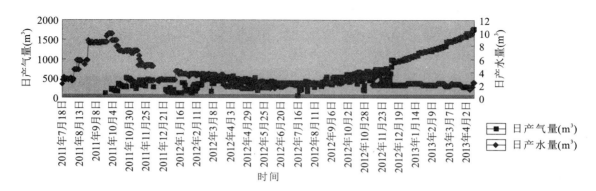

图 5-21　郑庄区块"缓坡"型生产曲线实例图

5)"双峰"型生产曲线类型

图 5-22 为郑庄区块"双峰"型生产曲线实例图,图中显示煤层气井产气量呈现从低到高的变化,有的煤层气井甚至显示多峰的特征。这样的生产曲线类型在郑庄区块占到了 15% 左右。

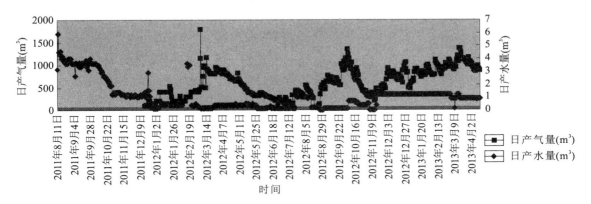

图 5-22　郑庄区块"双峰"型生产曲线实例图

第二节　沁水盆地西北缘煤层气井生产曲线特征

一、沁水盆地西北缘煤层气地质特征

1. 地理位置

沁水盆地西北缘西山煤田(东经 112°21′53″~112°31′31″,北纬 37°44′40″~37°55′00″)地处山西省中部、太原市西(图 5-23)。西山煤田南北长约 80km,东西宽约 65km。该煤田跨太原市、古交市,以及清徐、文水、交城等县,总面积约 1900km²。该地区紧邻山西省省会太原市,地理位置优越,交通便利,区内有太古高速公路和太克线、榆古线、古离线等省级公路,此外,太古岚铁路、太兴铁路复线穿区而过,连接区内各矿及乡镇的公路网已形成。太原西山煤田古交矿区包括马兰矿、屯兰矿、东曲矿、西曲矿、镇城底矿、炉峪口矿、嘉乐泉矿等。

2. 煤层

本区石炭系上统太原组和二叠系下统山西组为主要含煤地层,主采煤层为二叠系下统山西组 $2^{\#}$ 煤以及石炭系上统太原组 $8^{\#}$、$9^{\#}$ 煤。本区煤层埋藏较深,主要有变质程度较高的肥煤、焦煤、瘦煤及贫煤,以焦煤为主,肥煤、瘦煤次之,贫煤极少。$2^{\#}$ 煤位于山西组中上部,厚度为 1.47~5.22m,平均厚度为 3.28m,一般含 1~3 层夹矸,局部不含夹矸,煤层结构较简单。顶板以砂质泥岩和泥岩为主,次为细粒砂岩和炭质泥岩;底板以炭质泥岩为主,其次为砂质泥岩。$8^{\#}$ 煤层位于太原组中部,煤层厚度为 1.25~5.81m,平均为

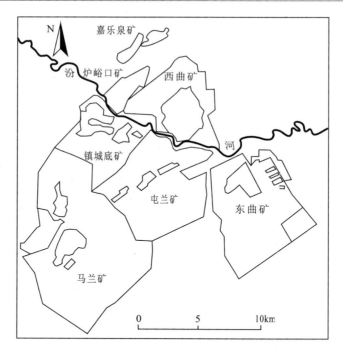

图 5-23 西山煤田古交矿区主要矿区分布图

3.41m,厚度变化较大,西部大于东部。该煤层结构较为复杂,一般含 2~3 层夹矸,仅局部不含夹矸。煤层顶板为灰岩或者泥灰岩;底板以粉砂质泥岩、粉砂岩为主。9#煤层位于太原组中部,煤层厚度为 0.43~2.59m,平均厚度为 1.66m,厚度变化不大,最厚处位于西部,薄煤层较少,主要分布于西北角。该煤层结构复杂,一般含夹矸为 2~3 层,少部分区域则不含夹矸。煤层顶板以灰黑色粉砂质泥岩、粉砂岩为主;底板以粉砂岩、粉砂质泥岩为主。

3. 构造

西山煤田的构造自然边界为晋祠断裂、清交断裂、榆林西断裂等几个大型断裂,整体上为一轴部偏西,向南倾伏的不对称复式向斜,且西翼陡峻,东翼平缓。

西山煤田断层较多,发育有一系列呈北东、北东东向延伸的正断层,控制着煤田东部的主要构造特征,断层倾角为 65°~80°,自北向南明显发育五条北东东向平行断裂带。该煤田向斜构造对本区煤层产生重要的控制作用,在向斜轴部,煤层埋深较深,向两端翼部煤层埋深变浅。煤层底板高程在轴部较低,在向斜的翼部,底板高程逐渐增高。

4. 煤含气性

根据地勘时期气含量测定结果,总体来看,本区气含量较高,8#、9#煤层气含量大于 2# 煤气含量,即随埋藏深度增加气增大。

本区气含量较高,十分有利于煤层气的开发,然而,高气含量,势必会对煤矿的采掘造成较大的不便。2003—2005 年矿井气等级测定结果表明,矿区绝对涌出量 133.99~142m³/min,相对涌出量 16.6~20m³/t,属高煤层气矿井。

西山地区煤含气量具有明显的区域特征,2#煤层高含气量区域多在东部和中部,含气量为 3.59~13.05m³/t;8#煤含气量为 3.97~16.46m³/t,煤田中部与马兰向斜东部为高含气量区域。表 5-1 为古交矿区不同区块煤含气量实测数据。该地区储层含气量一般介于 6~12m³/t,8#煤含气量高于 2#与 9#煤含气量,且屯兰工区的煤含气量普遍高于其他两个工区的煤含气量。相比于沁水盆地煤含气量一般大于 20m³/t,西山煤田储含气量明显较低,这可能制约西山区块煤层气井的产气效果。

表 5-1 古交矿区不同区块煤层气含气量实测数据

工区	平均含气量(m³/t)		
	2#煤	8#煤	9#煤
屯兰	7.37	11.22	9.42
马兰	7.56	6.81	6.42
东曲	7.73	9.04	8.05

二、沁水盆地西北缘古交矿区煤层气井生产曲线特征

1. 产气曲线特征

西山煤田古交矿区煤层气井平均单井产气量不足 500m³/d,对该地区 40 口典型煤层气井产气量曲线进行统计分析,可以将该地区产气量曲线划分为 3 种类型。

(1)波动下降型。如图 5-24a 所示,这种类型曲线下降波动幅度大,在统计结果中有 31 口,占统计总数的 77.5%。此类型曲线产气很快,产气量迅速上升并且很快到达峰值。在此后的时间里产气量迅速下降,并有很大的波动,产气量极不稳定,后续产气量都很小。

(2)缓慢下降型。如图 5-24b 所示,这种类型曲线下降波动幅度小,在统计结果中有 6 口,占统计总数的 15%。此类型曲线开始有很好的上升趋势,但是在上升到最大值后无法有效保持长时间的高产气量,很快开始逐步下降,直到最后趋于稳定。

(3)"双峰"型。如图 5-24c 所示,此类型曲线有两个产气高峰,排采初期有很好的上升趋势,虽然出现了一段时间的下降阶段,但并没有持续下降,很快产气量又开始上升,并持续高产。这种类型产气曲线仅占统计总数的 7.5%。

2. 不同阶段流体产出规律

通常情况下,根据煤层气井产水、产气及储层压力变化情况,煤层气井排采一般会经历 4 个不同阶段,依次为产水单相流阶段、产水产气两相流阶段、稳产气阶段与产气衰减阶段。该地区煤层气井排采各个阶段平均时间、平均日产气量、平均套压和平均日产水量如表 5-2 所示。尽管古交矿区产水产气两相流阶段控制产气缓慢提升,但稳产气阶段仍然较短,持续时间一般不足 6 个月。产气量低,稳产气时间短,过早进入产气衰减阶段是研究区煤层气井流体产出典型特征。

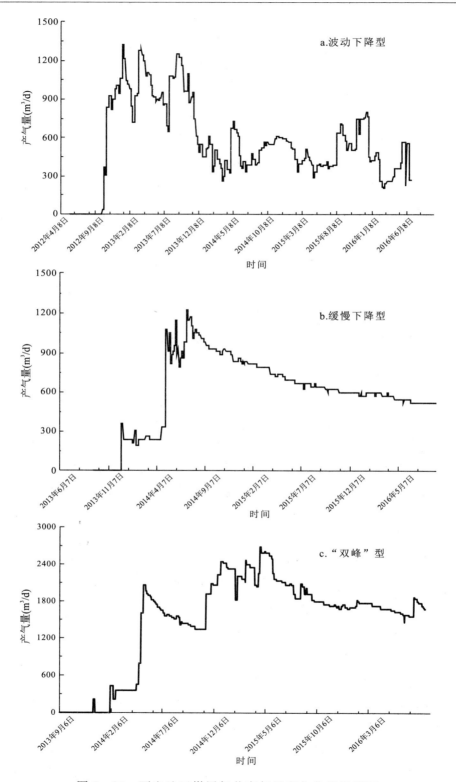

图 5-24 西山地区煤层气井产气量变化曲线类型图

表 5-2　西山地区不同阶段套压、产气量与产水量

阶段	维持时间 (d)	平均套压 (MPa)	平均日产气量 (m³/d)	平均日产水量 (m³/d)
产水单相流阶段	86	0	0	5.2
产水产气两相流阶段	156.5	0.51	821	1.7
稳产气阶段	173	0.33	946	0.5
产气衰减阶段	—	0.1	457	0.1

总之，煤层气井产气量低，稳产气阶段较短（持续时间一般不足 6 个月），过早进入产气衰减阶段是西山地区煤层气井流体产出典型特征。造成西山地区煤层气井低产的地质因素主要有煤体结构、煤层含气量、渗透率和水文地质条件等。尽管同属于沁水盆地，但由于古交矿区煤层气地质条件比晋城矿区地质条件差，煤层气产气效果也相差较大。

第三节　新疆阜康地区煤层气井生产曲线特征

一、新疆阜康地区煤层气藏地质条件

1. 地理位置

阜康白杨河矿区位于乌鲁木齐市以东 100km，阜康市以东 40km。矿区东以白杨河为界，与阜康市大黄山煤矿七号井相邻，西以洪沟正断层 F10 为界，行政上隶属新疆维吾尔自治区昌吉回族自治州阜康市管辖，矿区内有简易公路与之相连，交通比较便利（图 5-25）。

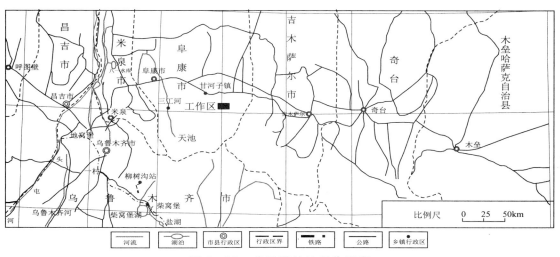

图 5-25　矿区所处地理位置图

2. 研究区构造特征

白杨河矿区位于北天山褶皱带,博格多复背斜以北,准噶尔坳陷区以南的黄山-二工河向斜北翼,总体上为地层南倾的单斜构造(图5-26),走向为近东西向,地层倾角45°～53°,含煤地层在走向上和倾向上变化不大,构造复杂程度划分为简单构造类型。主要由阜康逆掩断层F1和妖魔山逆断层F4分别控制矿区北部和南部的边界,两断层相间排列,走向北东东;在矿区外西侧有一条洪沟断层F2,为一正断层,倾向西,构成了本区构造的基本格架(图5-27)。

图5-26 单斜构造

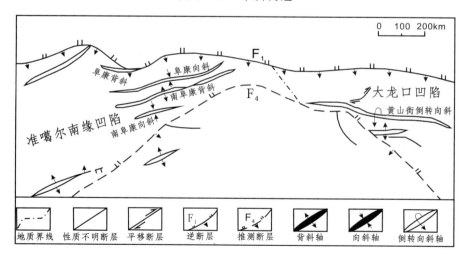

图5-27 研究区主要构造图(据新疆煤田地质局)

3. 目标煤层特征

工作区内煤层气开发目的煤层赋存于下侏罗统八道湾组(J_1b)地层中,其中主要可采煤层分布于该组地层的下段(J_1b^1)。

八道湾组(J_1b)含煤 10 层,全区可采、大部可采和局部可采煤层 8 层,编号从下到上依次为 44#、43#、42#、41#、40#、39#、37#、35#、36#。工作区内还有一些不可采的薄煤层。其中 44#、42#煤层厚度超过 20m,41#和 39#厚度 8~10m,为全区可采煤层。

八道湾组下段(J_1b^1)地层含 45#、44#、43#、42#、41#、40#和 39# 7 层煤,其中 44#、43#、42#、41#和 39#为全区可采煤层;45#煤层在工作区东部 144-1 号和 146-2 号孔有控制,但均不可采,厚度仅为 0.45m 和 0.28m,向西逐渐尖灭;40#为局部可采煤层,143 线以西及 145 线、146 线浅部可采,层位稳定。该段 44#~39#煤层浅部火烧,在工作区北部形成了一条近东西向的烧变岩带。

八道湾组中段(J_1b^2)地层含 38#、37#、35#、36#、34#共 4 层煤,其中 35#、36#煤层全区可采,37#为大部可采,在+750m 水平以上可采,工作区东部 146 线尖灭,38#、34#为不可采薄煤层,不稳定。

区内八道湾组(J_1b)含煤地层,控制地层平均厚度 569.34m,煤层平均总厚 32.79~106.34m,可采总厚平均 62.95m,含煤系数(煤层平均总厚与地层平均厚度之比)11.12%。

4. 煤含气量

对矿区内在主力煤层进行含气量的测定可以得出:39#煤测试平均含气量为 6.9~9.08m³/t,41#煤测试平均含气量 4.33m³/t,42#煤测试平均含气量 4.46~10.94m³/t。

研究区煤层气含量普遍较高,阜康矿区八道湾组(J_1b)的主厚煤层在矿区的西部埋深大于中、东部,所以西部具有更好的煤层气保存条件。其中对于八道湾组主厚煤层西部平均含气量为 14.30m³/t,东部平均含气量为 9.25m³/t,中部含气量为 8.6~14.1m³/t。西山窑组主厚煤层气含量在 7.2~14.3m³/t 之间,平均为 10.8m³/t,高于东部八道湾组主厚煤层气含量。总体上阜康矿区八道湾组主厚煤层含气量从西向东随着煤层抬升,埋藏变浅,含气量均值从西部的 14.3m³/t 逐渐减少到东部的 9.25m³/t,而西山窑组主厚煤层含气量略高于东部的八道湾组主厚煤层含气量。

二、新疆阜康地区煤层气井产气、产水曲线特征

1. 第一类

该类井典型特征为投产即产气,产水量整体偏低。如图 5-28 所示,此类气井产水量一般小于 8m³/d,产水产气峰值时间接近,投产后较短时间即达到峰值;日产水量逐渐衰减,日产气量稳定;产气对产水的影响不大;排采生产初期(600 天之前),日产气量随日产水量变化而变化,呈正相关。分析认为此类生产井井控范围可能存在一定量游离气。产水量小,表明煤储层内含水量低,储层压降释放速度较快。此类煤层气井产气、产水变化示意图如图 5-29 所示。

2. 第二类

此类井典型特征为产气峰值与产水峰值时间相差较大。如图 5-30 所示,气井产气

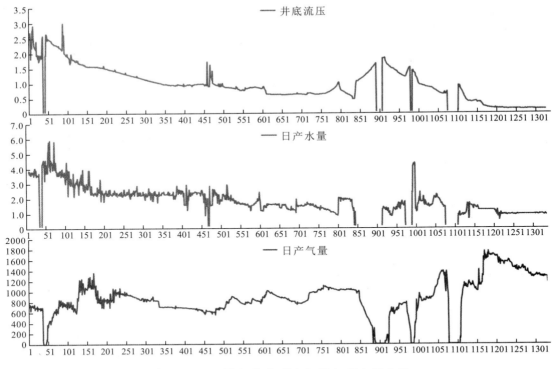

图 5-28 一类气井典型产气量与产水量曲线

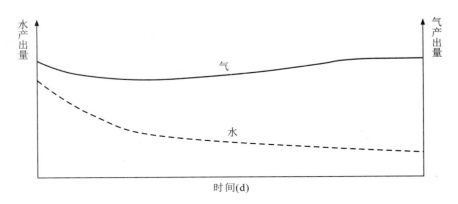

图 5-29 一类气井典型产气与产水量曲线变化示意图

峰值与产液峰值之间的时间间隔最小为 200 天。气井产水量很大,可达 200m³/d。产气连续稳定性差,常表现为间断产气,且产气量整体较低。分析认为此类煤层气储层含水量高,产水能力强,储层压降传递速率慢;大量产水过程中容易携带煤粉将裂缝堵塞造成储层伤害。此类煤层气井产气、产水变化示意图如图 5-31 所示。

3. 第三类

此类井典型特征为产气峰值与产水峰值时间相差较短。如图 5-32 所示,气井产水

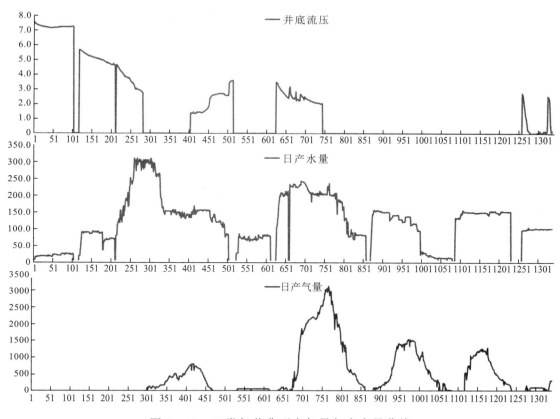

图 5-30 二类气井典型产气量与产水量曲线

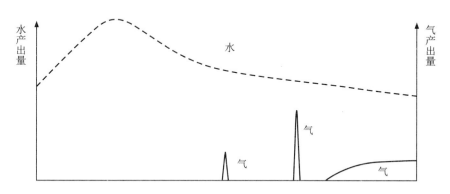

图 5-31 二类气井典型产气量与产水量曲线变化示意图

高峰之前,没有产气迹象,产水量大于 $8m^3/d$,小于 $30m^3/d$。产水由峰值下降至拐点之后,煤储层开始产出煤层气,之后产水量快速衰减。连续见产的时间大约为 3 个月。该类煤层气井产气曲线较为常规,符合大多数排水降压煤层气井流体产出规律。此类煤层气井产气、产水变化示意图如图 5-33 所示。

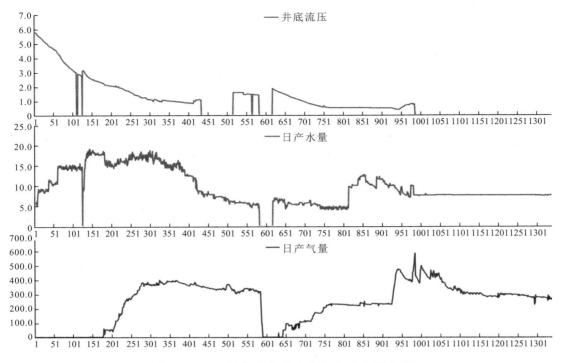

图 5-32 三类气井典型产气量与产水量曲线

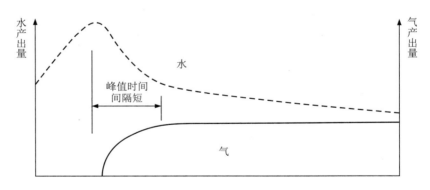

图 5-33 三类气井典型产气量与产水量曲线变化示意图

第六章 煤粉来源、产出及防控

在煤层气井生产过程中,常有直径在 0.3mm 以下的颗粒从井内产出,由于其颗粒细,而且多以煤为主,所以称之为"煤粉"。

在煤层气井排采初期,主要是通过排水来达到降低储层压力的目的。由于煤储层具有抗压强度低、杨氏模量小、泊松比小、易碎和易坍塌等特点,在煤层内部本身就存在比较破碎的集合体,排采过程中生产压差和流体的作用造成煤层中这些比较破碎的集合体进一步分选,进而形成煤粉。尽管绝大部分煤层气井所产煤粉的数量有限,但是煤粉的产出会严重影响煤层气的整体开发效益,煤粉随着流体在裂隙中运移,容易沉降、堵塞煤中裂隙,降低渗透率,影响煤层整体降压效果;煤粉进入泵筒会对泵筒及柱塞造成磨损,影响泵效;煤粉在井筒中的淤积也会严重影响泵效甚至出现煤粉埋管柱、卡泵的问题,因此煤粉的研究与治理对煤层气开发具有重要意义。

第一节 煤粉成因研究

大量的矿井煤储层剖面观测表明,煤储层中煤粉的主要来源可以分为次生煤粉和原生煤粉。次生煤粉是钻井工具与煤层研磨产生的煤粉颗粒;原生煤粉是构造裂隙面(带)内破碎的显微组分挤压而成的构造煤集合体,是指颗粒小于 10mm 的煤粒经紧密挤压而成的集合体,主要赋存于断层面以及层间滑动面内。构造煤集合体是在煤体受到应力作用时伴随构造裂缝形成的产物,其中不少是由于多次破裂挤压剪切形成的,其规模与煤体结构的破碎程度有关。主要赋存在软煤分层和斜交煤层的构造隙面(带)内。

煤储层中煤粉的赋存产状主要是与煤层平行(顺层)和斜交两个方向,斜交角度大多为 50°~60°。近水平方向发育的煤粉主要发育在煤层的夹矸和煤层的底板之间(图 6-1);近竖直方向发育的煤粉主要发育在

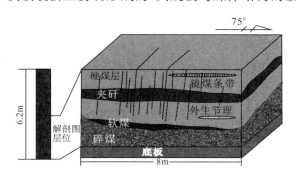

图 6-1 寺河矿顺层煤粉集合体

断层的断裂带内(图6-2)。

1. 寺河矿区顺层煤粉的发育特征

寺河矿区主要以近水平方向发育的煤粉集合体为主,近竖直方向的煤粉集合体几乎不发育,以寺河矿区某区块为例(图6-1),观测区为大裂隙系统欠发育区,外生节理主要为倾斜状,倾角多在40°~75°,大型外生节理(1m以上)平均密度2条/5m,小型外生节理(0.2~1m)平均密度4条/m,长度以0.3~0.5m居多。镜煤条带局部发育,平均内生裂隙密度12条/5cm,气胀节理3条/5cm。观测点煤层厚度约为6.2m,观测描述层位为煤层的下部,此处煤层没有大的构造迹象,从下往上依次为底板、碎煤带(坚固性系数为0.4~0.6)、软煤带(坚固性系数为0.2~0.3)、硬煤层(坚固性系数为1.0~1.2)、夹矸和硬煤层。在底部可见部分底板,底板上发育碎煤带,其厚度约为0.5~0.6m,此处煤体破碎严重,煤块大小不均,裂隙中充填有大量的细小的煤颗粒。夹矸下发育一层软煤带,厚度约2~5cm,直接观察呈团块状,用手指轻捏便碎成粉末。

2. 成庄矿区断层煤粉的发育特征

成庄矿区煤体比较破碎,斜交方向发育的煤粉集合体比寺河矿区明显增多。成庄区块的煤粉集中产出在小(微)构造发育的构造裂隙面(带)中,构造裂隙面(带)宽度为1~4cm,长度为1~4m。以成庄矿区某工作面为例(图6-2),该区光亮煤类

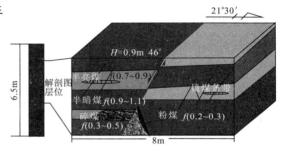

图6-2 成庄矿区断层煤粉集合体

型主要为半亮煤和半暗煤,其中半亮煤坚固性系数为0.7~0.9,半暗煤坚固性系数为0.9~1.1。煤粉集合体分布在距断层两侧2~3m的部位,在断层上盘,靠近断面处分布有一条厚约0.5m,长约2m的煤粉集合体发育带(坚固性系数为0.3~0.5),主要块体为粒径3~20cm的碎块,其中充填有粒径更小的粉状煤。在下盘,断面与其共轭节理形成一个近三角状区域,该区内煤体破碎程度较大,具体性状与上盘断面附近的煤粉集合体带相似。在下盘三角区碎煤与断面共轭节理接触带处,发育一条倾角60°的煤粉集合体带(坚固性系数为0.2~0.3),宽约5cm,煤粉粒度均匀,用手指稍加挤压便破碎成粉状。

第二节 煤粉特征研究

一、晋城矿区顺层、断层煤粉特征

1. 煤粉粒度组成与分布

对成庄顺层煤粉集合体及断层煤粉样品做粒度筛分,可得两者的粒度组成整体趋势

一致,其中比例大的为粒度大于2mm的煤粉,另外,粒度小于1mm的煤粉远远多于1~2mm的煤粉(图6-3)。

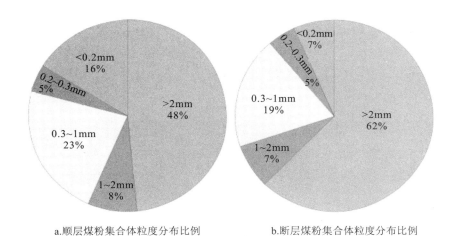

a.顺层煤粉集合体粒度分布比例　　b.断层煤粉集合体粒度分布比例

图6-3　煤粉集合体粒度分布比例

顺层煤粉集合体与断层煤粉集合体的粒度分布主要差别为:顺层煤粉集合体中的细粒煤粉的比例明显大于断层煤粉集合体。对于粒度在0.3mm以下的煤粉,顺层煤粉集合体中小于0.2mm的煤粉比例较大,而断层煤粉集合体无此特征。由此可见,顺层煤粉集合体中细粉较多。

2.煤粉镜下形态特征

电镜下观察顺层煤粉的微观形态(图6-4),主要特征是:煤粉颗粒整体形态较细碎,相对较大的颗粒呈块状,且基本都是扁块状,大多棱角不明显,边缘不规则;而小颗粒多成片状、层状。

图6-4　顺层煤粉扫描电镜图

结合煤粉的采样部位分析可知：煤层的顺层滑动多产生形态呈扁块状、片状的煤粉颗粒，这也从微观形态上体现了井下的顺层煤粉中，细颗粒煤粉较多。

断层煤粉的镜下形态（图6-5）与顺层煤粉相比有较大的差别，断层煤粉的主要特征是：整体观察时煤粉的颗粒清晰，其中相对较大的颗粒形态呈块状，边缘棱角分明，表面及边缘存在明显的破裂面及断口，并且这些破裂面整洁；小颗粒则形态多样，呈块状、片状、层状的形态分布。与顺层煤粉相比，断层煤粉镜下形态的粒度分布不均匀，形态大小也分界明显。

图6-5 断层煤粉扫描电镜图

SH-068煤层气井产出的煤粉粒度很细，煤粉颗粒的形态主要为薄片状；水平井FZP-11-3煤层气井产出煤粉的镜下形态主要是片状-扁块状形态的大颗粒煤粉（图6-6）。综合来看煤层气井产出煤粉的镜下特征是：煤粉粒度分布均匀，颗粒形态以片状-扁块状及薄片状-层状为主，尤其是粒度细小的煤粉，其形态几乎全部为薄片状-层状。

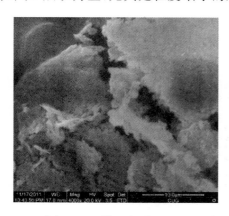

图6-6 煤层气井SH-068、FZP-11-3产出煤粉扫描电镜图

3. 煤粉成分与组成

成庄矿煤粉的工业分析数据见表6-1，其中SC-1～SC-3为产于近水平方向的顺

层煤粉样品,DC-1~DC-3为产于斜交方向的断层煤粉样品,顺层煤粉的灰分产率比断层煤粉的小。

表6-1 成庄矿顺层与断层煤粉样品工业分析数据表　　(单位:%)

煤样号	水分(W_f)	挥发(V_f)	灰分(A_f)
SC-1	2.831	9.082	13.454
SC-2	3.352	7.375	11.615
SC-3	3.146	6.291	12.562
DC-1	3.202	7.768	21.963
DC-2	3.716	6.612	18.825
DC-3	2.086	8.337	16.695

二、新疆煤粉的发育特征

1. 煤粉颜色

产出煤粉的特定颜色通常可以指示产出煤粉中的物质组分,因此可以从宏观角度区分产出煤粉中占据主要含量的组成成分。从已有的文献中可知,沁水盆地煤层气井在排采阶段产出的煤粉颜色主要以黑色或者灰色为主,该区块产出煤粉中无机矿物的含量少于煤储层骨架产生的煤粉,其主要原因可归结为沁水盆地以中高阶煤为主,煤的变质程度高,聚煤盆地早期沉积物形成的无机矿质种类少且含量也少,而后期的工程扰动主要集中在煤储层,围岩物质对煤储层固相颗粒的补给能力弱,因此煤层产出煤粉的颜色单一。

煤层气井煤粉是伴随煤层水产出的,产出煤层水的浑浊程度可以定性表示煤粉的浓度,煤层水中煤粉含量越高,水越浑浊。著者收集了阜康白杨河矿区12口煤层气井不同阶段产出的煤粉样,并记录产出煤粉的颜色(表6-2),以此分析产出煤粉的宏观特征。

表6-2 煤层气井不同阶段产出煤粉颜色统计

收集阶段	颜色		
	黑色(个)	灰色(个)	棕黄色(个)
钻井阶段	6	6	0
压裂阶段	9	2	1
排采初期	8	3	1
稳产水阶段	6	5	1
产水产气阶段	5	7	0

与沁水盆地煤层气井产出的煤粉相比,阜康白杨河矿区煤层气井产出的煤粉颗粒的颜色复杂且不同阶段差别较大(图6-7)。阜康白杨河矿区煤粉样的主要颜色有青灰色、黄褐色、棕黄色、黑色等,以黑色和灰色为主。根据所取煤粉样的颜色,初步判定研究区不同阶段的产出煤粉中有机煤岩组分和无机矿物成分的含量不同。

图6-7 煤粉样的宏观颜色对比图

沁水盆地的煤岩所含无机矿物组分以黏土矿物为主,同时煤中夹矸通常为暗色泥岩或炭质泥岩,这些岩层的矿物成分均以高岭石、伊利石为主。由于高岭石、伊利石、蒙脱石等黏土矿物具有特殊的层状结构与离子交换能力,因此,在煤层气开发中,工程扰动会造成矿物颗粒的激活与运移,这将弱化煤层的层状结构、降低其岩石力学强度,且使其更易于受到应力破坏与压力变化的影响而生成煤储层固相微粒。

阜康白杨河矿区煤储层以低阶煤为主,煤的变质程度低,聚煤盆地的沉积物来源复杂,形成的煤储层和围岩层间结合疏松,煤储层在受到扰动时,围岩响应剧烈,尤其是压裂和排采初期,围岩的物质补给对煤层气井煤粉产出具有重要影响。

2. 煤粉的工业分析

煤的工业分析是确定煤岩物质组成的基本手段,煤层气井产出煤粉是固相颗粒的混合体,对煤粉进行工业分析,可以确定不同颜色煤粉样中无机矿物含量所占的比重。著者对研究区不同位置煤层气井(从矿区东部到矿区西部依次为FS-L2井、FS-75井、FS-61井、FS-30井及FS-79井)产出的煤粉样进行了工业分析(图6-8),并与煤岩样的工业分析结果对比。

图6-8 用于工业分析的煤粉样品

结合产出煤粉的宏观颜色(图6-7)及产出煤粉颗粒的工业分析结果(表6-3)可知，FS-30井和FS-79井的固相颗粒的颜色相近，为灰色，且部分颗粒磨圆好，灰分产率高，初步断定是排采初期被地层液体带出的以支撑剂为主的混合煤粉；FS-75井与FS-L2井的固相颗粒的颜色相近，为青灰色，颗粒磨圆程度较差，且灰分产率中等，由于煤储层及围岩存在黏土矿物和部分黄铁矿，故产出煤粉样的颜色呈现青灰色；FS-61井与FS-15井的固相颗粒的颜色相近，为黑色，产出颗粒粘黏在一起，其灰分产率最低，据此推断为煤储层煤岩骨架煤粉。总结研究区产出煤粉的特点为：产出煤粉的灰分产率可以分为高、中、低3个级别，与之对应的固相颗粒的颜色表现为由浅到深，即近灰色、近青灰色、近黑色。

表6-3 煤层气井产出煤粉样工业分析结果

编号	水分 W_f(%)	灰分产率 A_f(%)	挥发分 V_f(%)
FS-30井	12.49	65.61	16.34
FS-79井	12.28	62.88	14.00
FS-L2井	28.29	40.86	15.78
FS-75井	17.01	43.93	12.25
FS-61井	6.42	12.55	31.03
FS-15井	13.26	5.10	28.67

根据产出煤粉的宏观颜色特征和工业分析结果可以将上述煤粉样分为3类：Ⅰ混合类(含量以支撑剂等无机物质为主)、Ⅱ黏土矿物与黄铁矿类(含量以煤储层和围岩中沉积的黏土矿物和无机矿物为主)、Ⅲ原生煤岩类(含量以煤储层煤岩骨架煤粉为主)，由于这3类煤粉样的主要组成成分含量不同，导致煤粉呈现不同的颜色和工业分析结果。

通过与煤岩样的工业分析结果(表6-4)对比可知，煤层气井产出煤粉的工业分析结果与煤岩样工业分析结果差异很大。即使是以煤岩骨架煤粉为主的产出煤粉，其工业分析的各项指标的数值都比煤岩样的各项指标的数值大，说明煤层气井煤粉从储层运移到井筒再到地面的过程中，围岩及工程作业对煤层气井煤粉的产出有较大的分选影响。

表6-4 阜康矿区煤岩样工业分析结果

	煤储层	41#	42#	43#
工业分析	灰分分级 A_f(%)	1.97%~8.22% 特低-低灰分产率	4.33%~13.93% 特低-中低灰分产率	2.64%~5.04% 特低-低灰分产率
	干燥无灰基挥发分产率分级 V_f(%)	30.27%~39.29% 高-中高挥发分	32.64%~36.55% 中高挥发分	33.06%~34.53% 中高挥发分
	全水分分级 W_f(%)	1.58%~1.90% 特低全水分	1.34%~3.46% 特低全水分	1.58%~1.81% 特低全水分

3. 煤粉的显微特征与成分分析

根据不同部位和不同井型的原则,选取位于新疆阜康白杨河矿区煤层气井(FS-15井、FS-2井、FS-30井、FS-58井、FS-6井、FS-70井、FS-75井、FS-78井、FS-79井、FS-L2井)产出的煤粉样进行扫描电镜的观察。

首先,对不同显微精度下的煤粉颗粒的形貌进行观察统计,统计微观下煤粉颗粒构成基团的尺度。从图6-9中可以发现,阜康白杨河矿区构成煤粉的基团颗粒粒径多数集中在10~20μm,且每种基团表面的光滑程度不同,有的呈现整块状且表面干净光滑;有的则呈磨圆较好的团状聚集,且表面多数粘接其他破碎的小基团,整体呈现杂乱无章的状态堆积在一起。根据观察统计阜康白杨河矿区产出的煤粉形貌特征可以发现,与沁水盆地产出煤粉呈现的煤粉颗粒清晰、块状边缘棱角分明、块状表面及边缘存在明显的破裂面及断口不同,白杨河矿区产出的煤粉的形貌特征多数呈现团状粘连,即呈团絮状产出。

图6-9 煤粉颗粒的电镜照片

从图6-10中可以观察到,在5000倍电镜下煤粉颗粒的构成基团基本呈现球团状且直径大都在10μm左右,每个小基团粘连在一起构成了更大尺度的煤粉颗粒,整体表现为煤粉颗粒在低倍镜下呈团絮状产出。阜康白杨河矿区煤层气井产出的煤粉颗粒呈现聚团现象,并以团絮状煤粉集合体产出,这与煤储层倾角大以及煤粉颗粒中混有的无机矿物有关。煤粉颗粒的聚团现象通常是发生在特定的物理化学条件下的,这种条件与煤粉在产出通道的运动状态有密切的关系。

其次,对煤粉颗粒中的无机矿物基团进行统计和识别,并运用元素分析对主要无机矿物进行定性分析。从图6-11中可以发现,煤粉颗粒中夹杂着两种形态的无机矿物,一类是与原生煤岩组分共生的形状规则的方解石颗粒和黄铁矿(图6-11中a与b);一类是呈针状或层状的以绿泥石、伊利石为主的黏土矿物(图6-11中的c与d),与阜康地区煤储层煤岩样品中无机矿物的种类有相似性。

图 6-10 煤粉颗粒的 5000 倍电镜图

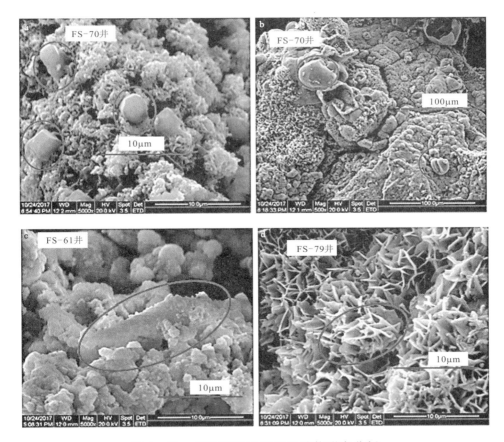

图 6-11 煤粉颗粒中的无机矿物形态分析

在图 6-11a 中选择一个点进行元素分析,分析结果显示该矿物主要有 C、O、Ca 等元素组成,结合形貌观察的结果,证明该无机物质是方解石(图 6-12a)。对图 6-11b 的一个点进行元素分析,分析结果显示该矿物主要由 O、Fe 等元素构成,结合微观形态的观察结果,证明该无机物质是黄铁矿(图 6-12b)。对图 6-11c 的一个点进行元素分析,分析结果显示该矿物主要由 Si、Al、Na、K、Mg、O 等元素组成,伊利石黏土矿物的稳定成分是 K_2O 和 Na_2O,而 SiO_2、Al_2O_3 的含量差别较大,结合该矿物的微观形态可知该无机物质是伊利石(图 6-12c)。对图 6-11d 的一个点进行元素分析,分析结果显示该矿物主要由 Me、Fe、Al、Si、O 等元素组成,通常所说的绿泥石主要是 Me 和 Fe 的矿物种,有斜绿泥石、针状绿泥石、鲕绿泥石等类型,结合微观观察的结果证明该无机物质是绿泥石(图 6-12d)。

从煤粉的微观观察结果可知,阜康白杨河矿区煤层气井产出的煤粉主要以小颗粒基团团聚成体积较大的团絮状集合体的形式产出。产出的煤粉中无机矿物质含量多,主要以黏土矿物和黄铁矿为主,有机煤岩组分以镜质组和惰质组为主,且镜质组破碎严重。各显微组分的含量以及无机矿物的类型与宏观煤粉特征匹配性较高。

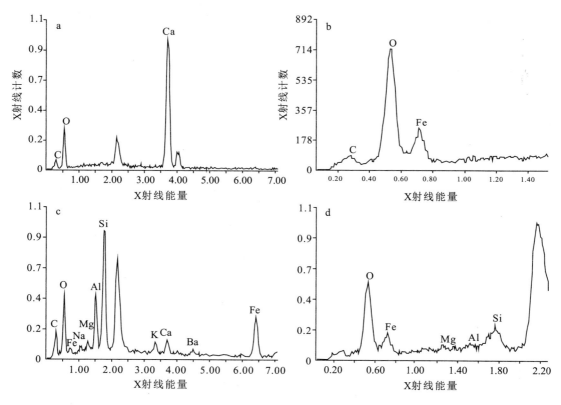

图 6-12 煤粉颗粒中的无机矿物元素分析结果

4. 煤粉颗粒的粒径

在阜康矿区东部,煤粉颗粒粒径主要集中在 $200\sim500\mu m$;但 FS-30 井煤粉颗粒粒径整体偏小,且各粒径范围分布比例均等。

阜康矿区西部,煤粉颗粒粒径集中分布在 400~700μm 之间;偏中部地区,FS-20 井的粒径明显高于 FS-30 井。

阜康煤层气井产出的煤粉颗粒粒径整体呈现"西大东小"的特点,由于该矿区东部煤层气井先开发,西部煤层气井后开发,因此初步判断粒径的地区分布特点与煤层气井的排采阶段具有相关关系。

第三节 煤粉运移

一、煤粉的分离

构造裂隙面(带)内破碎的显微组分(原始煤粉)在未受到煤层气开发过程中外力(钻井工程的钻井液体、射孔扰动、固井挤压、水力压裂浸泡与冲动)的作用下是呈集合体状态,不具备移动条件。煤粉集合体的分离与煤粉自由运动是在上述外力作用下完成的。其中液体的浸泡以及流体的往返冲刷运动(特别是强气流的扰动)最为关键。其中(钻井液体)浸泡的时间越长,(压裂与排采)液体的流动速度越大,构造裂隙面(带)内破碎的显微组分(原始煤粉)的分离就越彻底,颗粒越小,越容易运动。压裂液注入时,由于速度相对于排采速度很大,对煤层的冲刷力也相对最大,所以此时是煤粉分离的主要时刻,后期排采裂缝通道内水流低速运移,煤粉随低速水-气流缓慢移动产出。所以总体来说,压裂时压裂液主要作用结果是促进和引发了大部分煤粉的分离与启动,这些分离出来的煤粉,在生产排采过程中随水-气流运移产出或沉淀于通道内。

二、煤粉的启运

1. 气流速度与煤粉运动的关系

煤粉由于其特殊的微观形态,即颗粒细小,呈片状或片状集合体,类似于多孔物,比表面积大,因此极易被气流携带,就煤粉产出的高峰阶段而言,其处于产水的末期和产气的初始阶段,随着时间的推移,煤粉产量会迅速降低。气流对煤粉的携带作用强,从下述实验中可以知道气流对煤粉的携带作用远强于水流。所以产气量愈大,裂缝中煤粉受到气流的牵引与携带作用也就越强,因此煤粉更易运移产出(图 6-13)。

做煤粉随气流携带实验,实验结果如图 6-14 所示,可以直观地看出,气流对煤粉的携带和启动能力强,且气流流速越大,携粉能力越强。

气流速度小于 1m/s 时,煤粉几乎无法启动,仅有微量的煤粉会随气流运动,此时气流对煤粉运移的影响很小;大于 1m/s 时,随着气流速度的增加,产粉量增加。携粉量随气流速度运移的关系式为:

$$y = 0.6008e^{0.3294x}$$

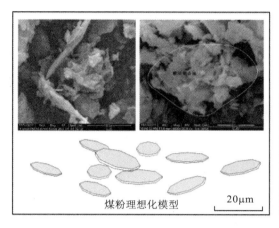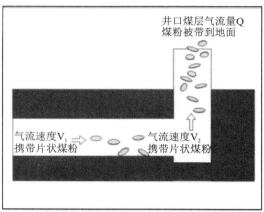

图 6-13　片状煤粉随气流运动图

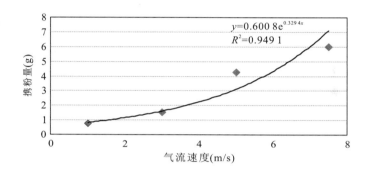

图 6-14　产粉量随气流速度变化曲线

式中，y 为携粉量（g）；x 为气流速度（m/s）。

2. 相态与煤粉运动的数据关系

当气液两相共同作用时，气流的表现形式主要是在运移通道内，形成浮于水流上部或将水流间隔的气泡。这些气泡对煤粉的运移产生了很大影响。

图 6-15、图 6-16 直观地显示出了气流对煤粉产出的影响，在相同速度时，气液两相作用后，煤粉的产出量明显增加，如图 6-15 中流速为 5.5cm/s 时，水流单相作用的产粉量约为 0.4g，而气液两相流中的产粉量却高达 4.3g 左右。

气体比例越高，产粉量的增量也越大。如图 6-16 中，比较气液比例 1∶5 与 1∶10 的作用点处气液流产粉量与同速度水流单相产粉量的差值，气液比 1∶5 作用点的煤粉产量增加量，显然大于气液比为 1∶10 的作用点。

三、煤粉的运移通道

煤粉运移进入井筒还必须具有连通性好、有一定宽度而且与井筒连通的裂缝。这种裂缝条件在多数情况下是存在的。其发育方式主要有两种，一种是发育于软煤分层上部

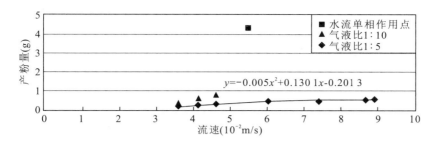

图 6-15　0.125~0.2mm 煤粉产粉量受气液两相作用对比图

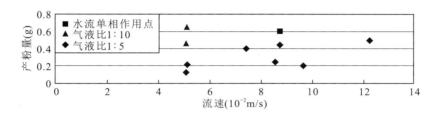

图 6-16　0.2~0.3mm 煤粉产量受气液两相作用对比散点图

的煤分层中,另一种是发育在煤体内部与构造煤集合体连接的裂缝系统。除了很少部分的煤粉几乎直接进入井筒以外,大部分是通过上述两种主要裂缝途径进入井筒的。煤层气的解吸难易程度主要取决于裂缝的发育程度(裂缝的宽度,延伸长度,联通情况等)。由于这种天然裂缝的曲折特性,直井产出的煤粉都是近井地带裂缝内的煤粉,以及能够通过裂缝通道运移到近井地带的煤粉;煤粉的主要运移通道是近井筒运移,因此井筒周围有没有发育软煤分层是产不产煤粉的关键。就套管完井的煤层气直井与裸眼水平井对比而言,后者所产的煤粉量要远远大于前者。对于水平煤层气井来说,煤粉产出的关键是水平分支穿过的带的位置。如果穿过了小微构造发育地带,其煤粉集合体比较发育,容易产出更多的煤粉。

1. 水平煤层煤粉的运移通道

对于垂直煤层气井来说,煤粉的运移通道主要分为近井通道和裂缝通道两种。近井通道指的是煤粉从分离启运之后,通过水泥环上被压裂挤压开的竖直裂缝(井下煤层气井开挖实例结果表明,这种垂直的裂缝可达 80~120cm,且在内壁上沾有很多的煤粉),进入被压裂液挤压开的套管与固井水泥之间的裂隙,再从套管的射孔眼处进入井筒内,这是煤粉运移的捷径。裂缝通道指的是离井筒较远的粉源通过煤储层的裂缝系统运移至井筒附近再通过近井通道运移至井筒,对于煤粉来说,很难通过这种裂缝系统远距离运移至近井筒附近。所以,对于垂直的煤层气井来说,近井筒是否存在软煤是产煤粉的关键因素。

对于水平煤层气井来说,煤粉的运移通道主要是取决于水平分支井所穿过的煤层带,如果穿过了近垂直的构造破碎带内(图 6-17),水平井就极易塌孔扩孔,煤粉就比较容易分离出来,并通过水平井运移。如果软煤发育层位于水平煤层气的水平分支之上,那么水平分支很容易垮塌,这样也会造成煤粉的产出。所以,对于水平煤层气井来说,水平分支井所处地带的位置很关键。

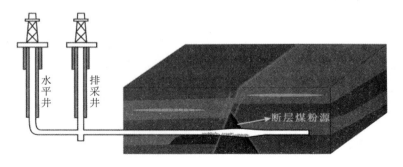

图 6-17　水平分支井穿过煤层破碎带示意图

当煤粉进入水平井的水平分支之后,要经过水平方向的运移,通过煤粉水平方向的运移试验(图 6-17),可以看出,在运移时煤粉会有部分的沉淀,在水平段有明显的粒径差别。

2. 倾斜煤层煤粉的运移通道

1)垂直井压裂裂缝形态及其与井筒沟通

对于倾斜煤层而言,煤层气井的开发井型主要有垂直井和顺煤层井("L"形)两种,由于垂直井施工方便,故为阜康地区煤层气井的主要井型。根据煤储层大裂隙填图资料和阜康地区多口煤层气井的压裂资料,根据压裂施工过程中的压力数据及其他施工参数,通过压裂压力分析软件并结合煤储层的特性,可以初步判断煤层气井压裂过程中形成的裂缝形态,初步建立阜康地区垂直井和顺煤层井的压裂裂隙扩展模式。

通过压裂模拟软件可以得出的垂直井在压裂过程中裂缝的扩展状态。以 FS-1 井 $42^{\#}$ 煤储层压裂曲线可知 FS-1 井出现过两次压力突降,裂缝可能沟通了顶板砂岩,同时通过压裂软件模拟出裂缝扩展后的形态参数(表 6-5)。

在构造应力的控制下,FS-1 井的 $42^{\#}$ 煤储层在压裂之后,裂缝的形态是垂直缝,但是在裂缝扩展到顶部砂岩和煤的弱结合面时出现较大规模的压力下降,说明裂缝的扩展不仅受构造应力的控制,还受岩性的控制。

通过统计多口煤层气井压裂后裂缝形态可以发现,新疆阜康白杨河矿区压裂施工形成垂直缝的煤层共有 14 层,同时形成水平缝的煤层共有 31 层。同时,可以得出:①新疆阜康白杨河矿区 $39^{\#}$ 煤压裂裂缝:压裂形成水力裂缝的部分主要为水平缝,部分为垂直缝,且部分水平缝扩展受限;②新疆阜康白杨河矿区 $41^{\#}$ 煤压裂裂缝:压裂形成水力裂缝的形态 90% 以上都是水平缝,且部分水平缝扩展受限;③新疆阜康白杨河矿区 $42^{\#}$ 煤压裂裂缝:压裂形成水力裂缝的形态几乎都是水平缝,且大部分水平缝都是扩展受限。

表 6-5 压裂软件模拟结果

最高施工泵压(MPa)	19.5	施工水马力(HP)	3574.4
裂缝半长(m)	92.1	支撑裂缝半长(m)	68.9
裂缝总高(m)	27.2	支撑裂缝总高(m)	20.3
裂缝顶部深度(m)	651.2	支撑裂缝顶部深度(m)	658.1
裂缝底部深度(m)	678.4	支撑裂缝底部深度(m)	678.4
最高裂缝宽度(cm)	/	支撑最高裂缝宽度(cm)	2.780

根据统计结果,阜康地区煤层气井近井筒附近裂缝在构造应力的控制下与井筒垂直斜交,而延展到煤层与围岩的弱结合面处,会变为水平扩展,且由于煤储层的倾角大,裂隙在上倾方向的扩展占主导,水平裂缝的延伸方向与预测的大裂隙系统预测的优势方位具有相关性,因此阜康地区急倾斜煤储层压裂裂缝多发育水平缝或组合多裂缝(即"T"形缝),如图 6-18 所示。

由于垂直井裂缝与井筒"V"形斜交,因此,无论是原生煤粉还是次生煤粉均极易沿着裂缝通道进入井筒或在裂缝交叉处发生聚集堵塞,如图 6-19 所示。

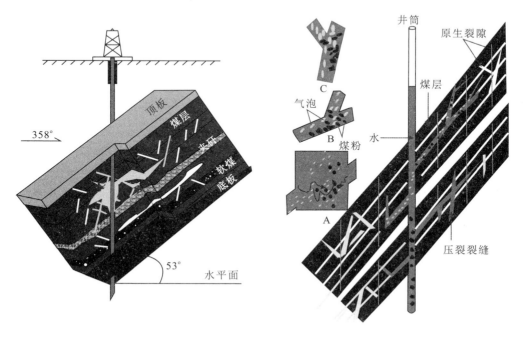

图 6-18 垂直井煤储层裂隙沟通图   图 6-19 垂直井裂隙通道煤粉产出模式

2) 顺煤层井压裂裂缝形态及其与井筒沟通

阜康白杨河矿区顺煤层井的井身结构为直井段+增斜段+稳斜段,其中稳斜段沿煤层下倾方向钻进,相当于水平煤储层的水平井,但因阜康地区煤储层的倾角大,顺煤层井的井身结构呈"L"形,故阜康地区的顺煤层井也称为"L"形井。

顺煤层井采用的是煤层分段压裂,通过对不同井段压裂使煤储层裂缝形成网络,达到增透的效果。在煤储层上倾方向,近井筒附近煤储层的压裂裂隙与井筒呈近水平接触,且裂隙延伸长且分叉较多,而裂隙末端的延伸受构造应力的控制,裂隙延伸具有一定的方向性;在煤储层下倾方向,由于裂隙受构造应力的影响严重,近井筒附近煤储层的压裂裂隙与井筒呈平行或小角度斜交,如图6-20所示。

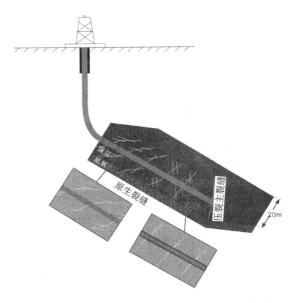

图6-20 顺煤层井煤储层裂隙扩展形态图

综上所述,鉴于阜康白杨河矿区煤储层属于高倾角煤层。相比而言,顺煤层井稳斜段的存在,使得井筒与储层接触面积更广,降压解吸范围较大,导流裂缝通道较多且分布较广,煤层中的煤粉可以顺利排出。

第四节 煤粉产出特征

一、煤粉产出量动态变化规律

1. 不同排采阶段煤粉产出量动态变化特征

煤层气井生产过程中都会产生煤粉。当前,沁水盆地南部煤层气开发区块对排采过程中煤粉产出量的描述几乎均采用定性描述,一般根据地面取水样中煤粉含量划分为(清)含少量煤粉、(浅灰)含少量煤粉、(深灰)含大量煤粉3个等级。著者分别对多口煤层气井排采各阶段煤粉产出动态变化特征进行调研和资料分析统计,煤粉产出动态变化规律如图6-21所示,可以看出,产水阶段和气水两相流阶段是最易产出煤粉的阶段,气水两相流阶段产粉量时高时低,煤粉产出明显不稳定、不连续。稳产气阶段煤粉产出总体较低,但偶尔会出现煤粉产出较高的情况。

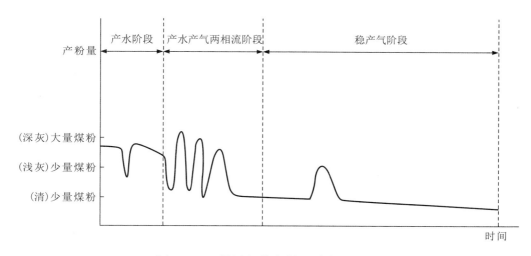

图 6-21 煤层气井产粉量动态变化图

1）产水阶段

钻完井、水力压裂后进入产水阶段，导流通道中的原生煤粉和次生煤粉均有，且煤层气井投产初期产水量较大，因此该阶段煤粉产出量总体较多，但仍不乏某些井煤粉产出量偏少。对煤储层进行开挖解剖发现，水平井井眼或压裂裂缝与煤储层构造软煤带的配置关系是决定该阶段煤粉产出的关键。若水平井井眼穿过煤储层小微构造发育地带或压裂裂缝沟通了煤储层构造软煤带，煤粉将随地层水大量产出至地面。

2）气水两相流阶段

煤层气排采进入气水两相流阶段后，煤层开始不断解吸出气体并在裂隙系统中形成气液固三相流。煤层气的不断解吸促使地层流体中含气率不断增加，即流体性质在发生不断变化。该阶段形成的煤粉主要为煤岩应力条件的改变及地层流体的冲蚀产生的次生煤粉。气水两相流阶段煤储层物性变化十分敏感，一方面气体的产出引起排采正效应的增强，另一方面煤层气的产出滞后现象较为明显，不合理的排采强度极易引起煤层气解吸与渗流的不平衡，导致流体流速的突变和不连续。该阶段多变的煤储层物性及流体性质导致了该阶段多变的煤粉产出状况。

3）稳定产气阶段

该阶段抽油机绝大部分时间处于低速或者停止运转状态，产水量极少，绝大部分煤层气直井的产水量不足 $0.5m^3/d$。由于储层裂隙系统沟通范围内的煤粉来源是有限的，且该阶段储层物性与地层流体性质稳定，流体携粉能力较弱。另外，该阶段排采工作制度也较为稳定，故地面出粉情况总体为低含量且逐渐减少。

图 6-22 为沁水盆地南部某区块 X-X1 井产气量与煤粉产出量动态变化。该井产粉量一般较低，地面取水样多为清，含少量煤粉。投产 140 天以后开始进入气水两相流阶

段,该阶段产气量和煤粉产出量均有波动,待产气量稳定后煤粉产出量基本都在较低水平,且波动次数较少。总体来看,该井产粉较少,产气量连续,平稳,排采控制得较好。

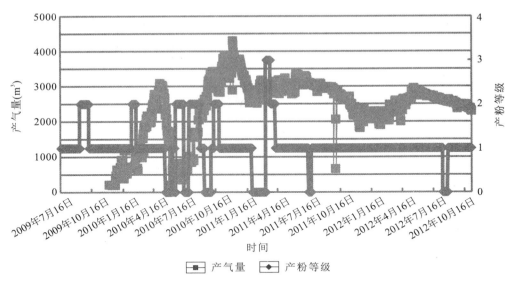

图 6-22 X-X1 井产气量与煤粉产出量动态变化

注:产粉等级为 0 表示当天未产水,无法记录产粉情况

2. 煤粉产出动态变化与产气量变化的关系

煤层气排采过程中产粉过多,容易造成储层导流通道的堵塞,可能引起产气量降低。如图 6-22 所示,X-X1 井在 2010 年 4 月下旬产气量开始急剧下降,煤粉产出量增高。排采记录显示这一阶段井筒间断性产水,分析产气量突降的原因为煤粉堵塞了导流通道,造成产水、产气中断。检泵作业后该井产气量才逐渐恢复。另外,产气量增高后,因地层流体的携粉能力增强,则可能引起井筒产粉量增大。如图 6-23 所示,沁南地区某区块 X-X4 井在 2010 年 2 月产气量开始逐渐增加,并在 2010 年 5 月初提高抽油机冲次后,产气量发生急剧增加,产气量快速增加的过程中,该井产粉量也较大,地面取水样变为浅灰色。排采记录显示这一阶段井筒产水量也从 $0.5\sim 1m^3/d$,增加到了 $1.5\sim 2m^3/d$,分析产粉量增加的原因为气水两相流阶段煤层本身解吸气量的增加,加之排采强度的增加导致地层流体快速且大量产出,导致产生并携带出了更多的煤粉。由此可知,煤层气井产粉与产气是相互影响的,产粉过多或者产气量过大均可以导致煤储层伤害。因此,应合理控制排采工况,让煤层气井适度产出煤粉。

二、煤粉粒径产出规律

选择矿区内新开发的煤层气井,收集同一口煤层气井不同排采阶段的煤粉,使用图像粒度分析仪器,进行粒度分析。从图 6-24 可以看出,该井前期产出的煤粉的粒度分布曲

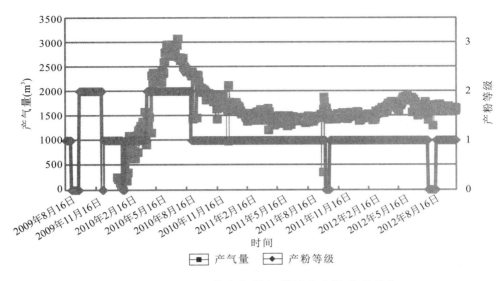

图 6-23 X-X4 井产气量与煤粉产出量动态变化

线前半段呈平滑状,后半段呈跳跃式上升,产出煤粉的粒径多数集中在 500μm 及以上的区间。随着排采的进行,煤粉颗粒的粒径变小且粒度分布曲线会出现两个粒径集中区。由于排采初期工程扰动的原因,产出煤粉颗粒粒径较大,随着排采的进行煤储层通道的外来物质被排出,煤储层内部的原生煤粉开始排出,使产出煤粉的整体粒径变小,即矿区产出煤粉的粒径随排采的进行呈现"先大后小"的规律。

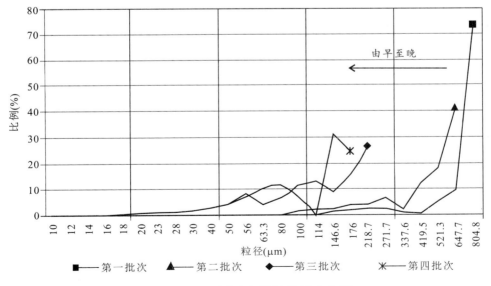

图 6-24 不同阶段煤粉粒径分布图

三、煤粉产出量影响因素

煤粉形成以后,只有在一定的条件下才能产出。煤粉的产出与地质和工程诸多因素均有关,这些因素的综合作用导致了煤粉的产出。

1. 导流裂缝发育特征

煤储层导流裂缝发育特征对煤粉的产生和运移均有重要影响。

矿井下对煤层气井开挖解剖发现,煤储层主干压裂裂缝形态主要有简单高角度垂向裂缝与复合"T"形裂缝(图6-25),且次级裂缝十分发育。简单垂向裂缝在走向上可能连通煤储层中连续的顺层煤粉源集合体以及间断的"串珠状"断层煤粉源集合体,而复合"T"形裂缝中的水平裂缝可以广泛沟通煤层顶板附近的顺层煤粉源集合体,增加了气井煤粉产出的供给来源与导流通道。

图6-25 煤储层压裂形成的复合"T"形裂缝

另外,壁面平直、连通性好、有一定宽度的裂缝更有利于煤粉的运移和产出。相反,壁面凹凸不平、连通性差、较窄的裂缝不仅在压裂或排采过程中产生煤粉,在流体强烈的冲蚀下产生更多的煤粉,而且煤粉在这些裂缝中运移极易沉降甚至堵塞裂缝。

2. 储层构造软煤带与导流通道的配置关系

由于煤储层中可能发育构造软煤带,那么当压裂形成的裂缝通道或水平井井眼直接穿过构造软煤带后,排采过程中便会产出大量煤粉。若导流通道不直接穿过构造软煤带时,后期排采过程中软煤仍可能进入通道并随流体运移至井筒并产出,笔者称之为"煤粉微突出"。所谓"煤粉微突出"是指压裂主裂缝靠近构造软煤带时,在排采过程中由于压力的变化引起的微观气突出并抛出煤粉的一种现象。由于硬煤岩壁存在易破碎的薄弱带,在排采过程中主干裂缝内流压的变化会打破上述的平衡状态,造成软煤层发生较大的流动变形,变形区内较高的气压力,会使硬煤岩壁产生拉伸应力而被破坏,导致软煤带内游离甲烷气体的喷出和煤层气的大量解吸,并最终带出大量的煤粉和碎煤。

3. 地层流体携粉作用

煤粉在导流通道形成或进入导流通道以后,在一定的条件下会被导流裂缝中的流体携带。假设煤粉颗粒为圆球状,那么流体对煤粉的冲刷力可表示为

$$F = \frac{1}{2}\pi r^2 \rho v^2 \tag{6-1}$$

式中：F 为流体对煤粉颗粒的冲刷力；r 为煤粉颗粒半径；ρ 为流体密度；v 为流体流速。

由上式不难看出，地层流体对煤粉的携带运移与煤粉颗粒大小、流体密度及流速关系密切：对于一定粒径的煤粉，地层流体流速越大，流体密度越大，对煤粉的携带作用也越强。而流体密度取决于气液单（多）相流中各相含量，流速则取决于生产压差及地层供液能力。

4. 排采工程作业

煤层气井排采是以调整井筒液位及井底流压为核心开展的。排采强度的高低决定着煤层气藏生产压差及地层流体流速的大小，从而影响地层流体的携粉能力。排采过程中的停泵、检泵等修井作业会导致地层流体的突然中断，打乱地层流体的连续、平稳产出。突然启动抽油泵极易扰乱已经在裂缝中沉降的煤粉，导致煤粉产出量的增加。

第五节 煤粉防治措施

一、加强煤储层地质研究，避开原生煤粉源

煤层气开发前，加大矿井下的煤储层地质研究，查明小微构造发育地带以及构造软煤带平面与纵向分布特征。对于垂直井应避开在构造软煤分布区域钻井；对于水平井，水平井井眼应避开穿过构造软煤带与小微构造发育地带。有研究表明，软煤自然伽马、声波时差明显偏高，因此，应结合煤储层地质研究与测井成果，优化射孔、压裂工艺，在煤粉发育位置不布置射孔孔眼，压裂过程中不压穿构造软煤带。

1. 直井射孔避开软煤层

对于垂直煤层气井来说，煤粉的运移通道主要分为裂缝通道和近井通道两种。裂缝通道指的是离井筒较远的粉源通过煤储层的裂缝系统运移至井筒附近再通过近井通道运移至井筒，对于煤粉来说，很难通过这种裂缝系统远距离运移至近井筒附近。近井通道指的是煤粉从分离启运之后，通过水泥环上被压裂挤压开的竖直裂缝进入被压裂液挤压开的套管与固井水泥之间的裂隙，再从套管的射孔眼处进入井筒内，这是煤粉运移的捷径。

以上研究可知，直井煤粉的大量产出主要是由于射孔时射穿了软煤层，在排采中软煤层通过近井通道大量产出，且粉源近、煤粉量大，无法控制。因此建议在直井射孔时避开软煤层，软煤层一般发育在煤层夹矸下部，建议射孔时仅射穿煤层上部，下部的软煤层不射穿，不触发煤粉源，这样不仅可以有效减少煤粉的产出，对煤层气井产能影响也较小（图6-26）。

2. 水平井眼尽量避开煤粉源

对于水平煤层气井来说，煤粉的运移通道主要是取决于水平分支井所穿过的煤层带，

如果穿过了近垂直的构造破碎带，水平井极易塌孔扩孔，煤粉就较易分离并通过水平井运移出来。如果软煤发育层位于水平煤层气的水平分支之上，那么水平分支很容易垮塌，这样也会造成煤粉的产出。所以，对于水平煤层气井来说，水平分支井所处地带的位置很关键。顺层煤粉一般分布范围广，粉源的供给能力强，如果水平井在钻井过程中钻穿了软煤层，则会引发持续的大量的煤粉产出。因此建议在水平井眼钻孔时尽量避开软煤层。

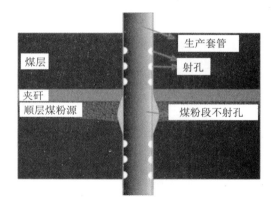

图 6-26　直井射孔避开软煤层示意图

二、研制便携式煤粉产出定量测定装置，制定煤粉预警措施

当前沁水盆地南部普遍采用的通过取水样观察颜色，定性描述煤粉含量的方法，不利于地面工控人员及时了解煤层气井产粉量变化，进而采取有效措施减轻煤粉对煤层气排采的危害。然而，将取得的水样拿到室内分析又增加了人力、财力和时间成本。因此，研制适于现场巡井人员检测煤粉含量的便携式煤粉含量测定仪，制定煤粉含量变化预警措施对于及时调控排采工作制度，减轻煤粉危害具有重要意义。

三、排采控压控粉措施

对于构造煤集合体中的煤粉而言，控压控粉措施的效果主要为：①构造煤集合体中的煤粉经淘洗分离出来的量会减小，一部分煤粉启动不了就会逐渐沉淀下来，减少了煤粉的产出量，对设备的卡堵现象能得到相应的缓解；②控压能够减小储层应力的改变，使储层应力稳定变化，有效预防应力突变造成的垮塌。

对于那些已经从构造煤集合体中分离的煤粉而言，结合文中的煤粉分离与启运实验分析可知，煤粉缓慢与水混合后形成均匀分布的油状煤粉，与水快速混合后形成团块状的煤粉粒。由于裂缝中的煤粉原本聚集在一起，如果此时水流迅速进入，煤粉就会立刻结成团块状，且这些团块与水之间的表面张力很大，很难分散开，极易在生产中堵塞煤岩通道；相反，如果放慢排采速度，给煤粉较多的时间分散，就会大大减少煤粉结块的形成，也就减小了煤岩裂缝堵塞事故的发生概率。

结合文中的模拟水流实验分析可知：①模拟水流实验得出水流速度越快，产粉量也就越大。由此可见排采过程中控制排采速度很重要，尤其是排采初期，大部分煤粉不能在短时间内沉淀，尤其是此时活跃度极高的细颗粒煤粉，这时如果排采速度太快，煤粉没有时间沉淀，就很容易被水流带入井筒；②排采过程中，要控制好排采速度的增减，尤其当提高速度时一定要稳定缓慢，因为突变的水流速度很容易扰动已沉淀的煤粉，加大了出粉量。

因此,我们建议在水平井排采的初期,使用缓慢的排采机制比较可靠,因为,形成油状漂浮于水表面的煤粉在水流流动中不容易移动,这样不容易形成煤粉的卡堵。

四、倾斜煤层顺煤层井型控粉

前文对比倾斜煤层垂直井及顺煤层井煤粉产出特征后不难发现,顺煤层井煤粉相比垂直井,煤粉不易在煤层滞留和堵塞。因此,对于如新疆阜床地区一样的大角度倾斜煤层,可以采用顺煤层气井减轻煤粉对井筒的伤害。同时,由于顺煤层井眼与煤层裂缝沟通更广,排采过程中产生的固相物可就近相对分散地运移至井筒,可通过捞粉和解堵作业及时解决,后期固相物堵塞对流体产出的影响较小。

第七章 煤层气开发工程工艺技术对产能的影响

第一节 开发工艺对煤层气井产能的影响

工程因素对煤层气井起着至关重要的作用,科学的工程工艺可以在一定程度上弥补地质因素的不足。

一、排采制度对煤层气井产能的影响

排采作为煤层气地面开发的保障,必须有序合理地排水降压,适应煤储层的自然渗流规律,平稳降低储层压力,有效引导煤层气的解吸—扩散—渗流,否则会阻碍煤层气的产出,大大缩短生产周期。

晋城樊庄区块 H-4 井和 H-3 井所处地理位置相近,含气量均大于 $18m^3/t$,但其产气量差别却较大。H-4 日稳定产气量约为 $5500m^3/d$,而 H-3 日稳定产气量却小于 $1000m^3/d$(图 7-1、图 7-2)。

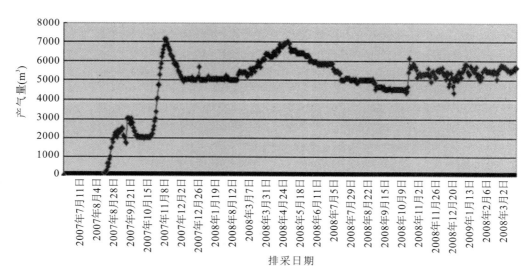

图 7-1 H-4 井日产气量趋势图

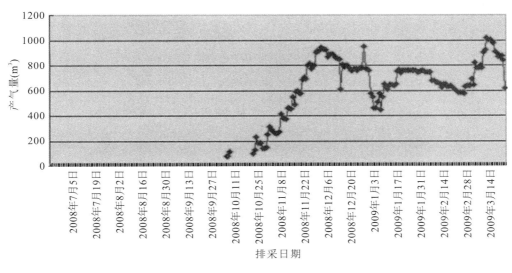

图 7-2　H-3 井日产气量趋势图

对比高产井（H-4 井）和低产井（H-3 井）动液面的变化情况，可发现 H-4 井动液面变化相对平缓、连续，而 H-3 井动液面变化过快且变化不连续（图 7-3～图 7-6）。很有可能就是因为低产井（H-3 井）动液面的控制不当导致液面下降过快，从而引起储层激动、导致裂缝闭合，最终影响了煤层气的产出。

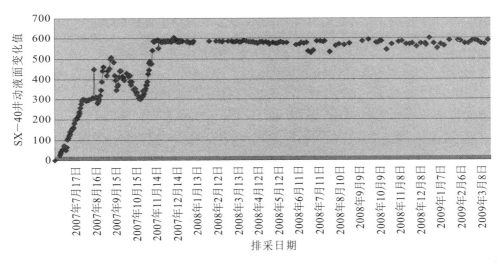

图 7-3　H-4 井动液面变化趋势图

二、小微构造对煤层气水平井排采的影响

煤储层内小微构造及大裂隙系统发育特征研究是煤储层评价的基础，也是部署水平井必不可少的先决条件。小微构造及大裂隙系统发育特征不仅决定了水平井的渗透性和井眼稳定性，也会波及煤层气藏的封闭保存条件，从而导致产量变化。

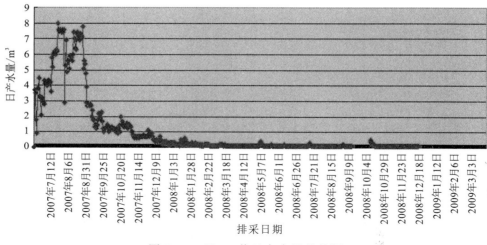

图7-4 H-4井日产水量趋势图

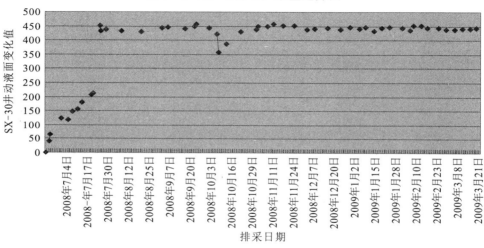

图7-5 H-3井动液面变化趋势图

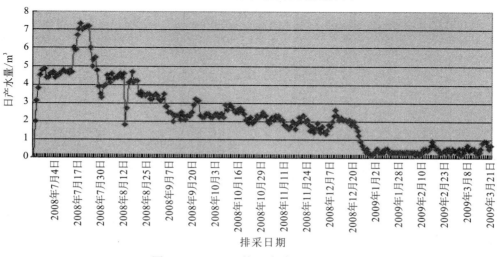

图7-6 H-3井日产水量趋势图

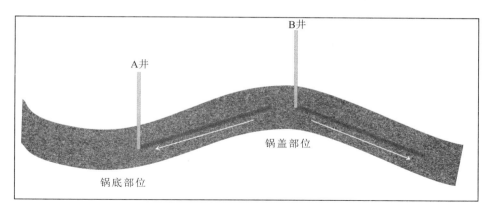

图 7-7　水平井布井位置

A 井井筒位于"锅底"部位；B 井井筒位于"锅盖"部位

晋城樊庄区块内 P-2-2 井的井筒布置在"锅底"部位（图 7-7A 井），其分支布置在锅底的翼部（图 7-8a 所示）。井筒部位相当于煤层水的排泄区，有利于煤层水的排采，排采到一定阶段，这类水平井产气效果应该是好的。

而对于"锅盖"构造部位的水平井部署，如樊庄区块内 FP-1、FP-3 井组，其分支也布置在"锅盖"的翼部（图 7-8b 所示），但其井筒位于"锅盖"部位（图 7-7B 井），井筒所处部位相当于煤层水的补给区，不利于煤层水的排采。这类水平井前期可能开始产气时间较短，但衰减也快，不能很好地达到储层降压目的，后期排采不利。实践证明其的确不利于煤层水的排采，FP-1 与 FP-3 井组产气效果很不理想。

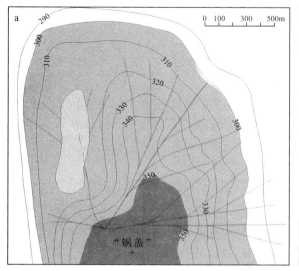 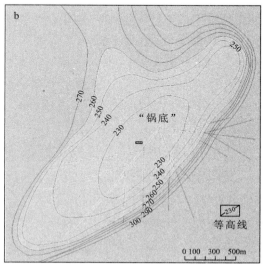

图 7-8　"锅盖"构造 a、"锅底"构造 b 与水平煤层气井关系示意图

三、小微构造对水平井井眼稳定性的影响

对于水平井而言,水平井孔壁垮塌是低产的主要原因之一。而小微构造是决定水平井井眼稳定性的关键要素,若忽略小微构造的类型、规模、褶皱曲率及伴生的大裂隙系统发育特征、忽略煤体结构及分布规律,则容易导致水平井部署失误造成损失。

1. 小微褶皱

图 7-9 为樊庄 P-2-2 井 L4(L2)井眼的塌孔位置。该位置煤层厚约 6m,构造较简单,只有局部发生小型褶曲,倾角都在 5°以下。倾角变化最大为上倾 4.9°变为下倾 1.8°,井眼垮塌处煤层倾角仅为上倾 3°。井眼打在了煤层与底板接触处的软煤层中,且在其中钻进进尺大;加之该区煤层埋深大(大于 560m)、应力较高,因此导致了井眼垮塌,出现垮塌卡钻事故。

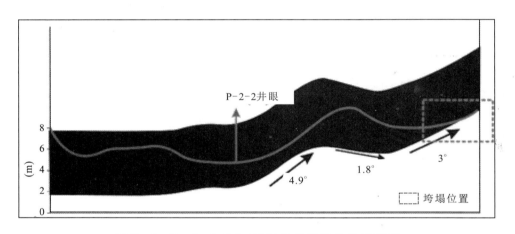

图 7-9 P-2-2 井 L4(L2)井眼塌孔位置示意图

图 7-10 为 P-4-1 井 L7(L6)井眼的塌孔位置,煤层厚约 6m。L7(L6)井眼经历向斜区,煤层角度由下倾 3.8°变为上倾 5.2°,井眼轨迹之前主要位于煤层中部,比较稳定;而向斜核部附近井眼靠近底板,但由于及时调整,有局部失稳但迅速穿越后能继续钻进。但井眼的末端长期在煤层与顶板接触部位钻进,该处容易产出构造软煤,加之埋深很大(775m)导致塌孔事故。

P-11-2 井的主井眼初始段处于向斜底部、背斜顶部等煤体结构很差的区域(图 7-11),导致主井眼塌孔,阻断了与分支井眼的连通。且其主井眼在煤层中呈"U"形,煤层水的"U"形管效应堵塞了煤层气的运移通道,最终导致产气量低、稳产时间短。平均日产气量 245.13m³/d,1000~3000m³ 左右的日产量仅维持了 200 多天。

2. 小微断层

图 7-12 为樊庄 P-4-4 井 L1(M1)钻孔的塌孔位置图。该区煤层比较平整,小微褶

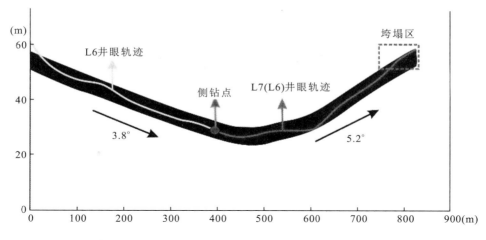

图 7-10 P-4-1 井 L7(L6)井眼的塌孔位置示意图

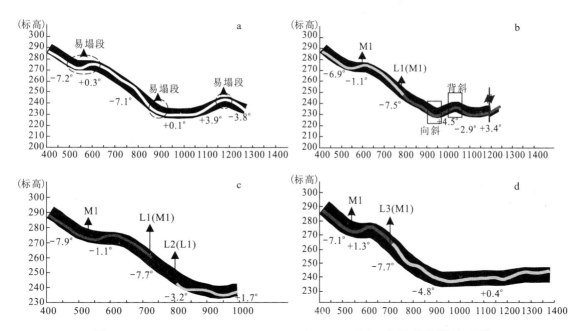

图 7-11 P-11-2M1、L1(M1)、L2(L1)、L3(M1)水平井井眼轨迹图

a. M1:煤层起伏呈背斜-向斜-背斜变化且倾角较大,井眼初始段分布于急倾斜煤层底部和背斜顶部;
b. L1(M1):煤层起伏呈向斜-背斜变化,并穿过一条断距约5m断层,井眼轨迹初始段容易产生构造软煤;
c. L2(L1):该分支段较短(209.47m),煤层呈微小的向斜,局部井段在煤层底板,多数井段在煤层中下部;
d. L3(M1):煤层起伏呈单斜-近水平,水平井多在煤层中部,局部靠近顶底板

曲构造不发育,但井眼末端分布有一条小微断层,煤层破碎程度增强,加之埋深大(743m),井眼出现垮塌,同时由于断层沟通顶底板导致井漏事故。

P-5井附近分布有两条断距约70m的正断层,周围分布有许多次级小微断层(图7-13)。煤层也出现了明显的小微型牵引褶曲构造,两条正断层中间煤层呈封闭的

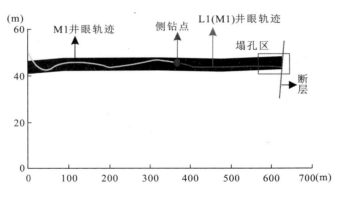

图 7-12 P-4-4 井 L1(M1)钻孔的塌孔位置示意图

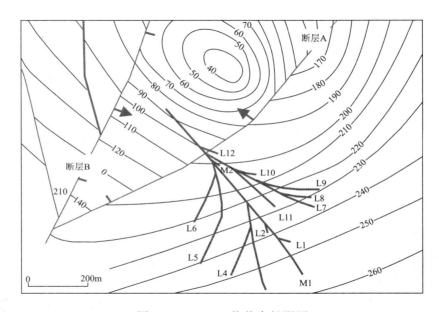

图 7-13 P-5 井井身投影图

凹陷,褶曲约为 15°,在多分支井眼分布的地区,煤层呈急倾斜状,倾角 11°~12°,并随着远离断层 A,坡度降为 6°左右。复杂的构造背景也正是该井钻井事故频繁的原因。在钻进过程中井眼难免穿过小微型的断裂带,及小煤层褶曲带顶底板、夹矸附近的构造软煤区域,造成几乎每个井眼都出现了不同程度的垮塌、卡钻事故。

P-2 井组(图 7-14)3 口水平井小微构造背景不同,产气能力存在很大的差别,P-2-1 井穿过一条断距 10m 的正断层,也使该区域形成了牵引向斜。煤层在断层面附近及牵引褶曲的顶底板附近容易形成构造软煤导致井眼垮塌,因此平均日产气只有 263.4m³(2014 年数据)。而 P-2-2 井、P-2-3 井由于远离断层,构造简单,煤层未受到破坏,因此井壁稳定,产气量很高,P-2-2 井平均日产气 7 418.53m³;P-2-3 井平均日产气 29 413.64m³(2014 年数据)。

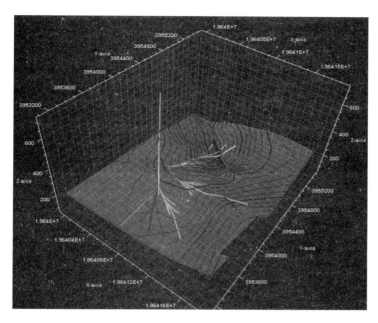

图 7-14　P-2 井组部署示意图

其他地质条件相近,当煤层气水平井穿越小微断层的条数越多时,产气能力越差。如表 7-1 所示,大宁 N-2 井和 N-5 井平均日产气量分别为 15 285.76m³/d 和 13 821.04m³/d,分别穿越了 1 条和 2 条小微断层。产气量最低的 N-3 井和 N-7 井分别穿越了 8 条和 7 条小微断层,因此产量低,平均日产气量都在 1500m³ 以下。

表 7-1　穿越小微断层的部分水平井概况

井号	至 2008 年 12 月 31 日总产量(m³)	排采天数(d)	平均日产量(m³/d)	埋藏深度/平均埋深(m)	穿过断层条数
N-1	10 500 144.9	1088	9 650.87	$\frac{134.9\sim162.9}{148.9}$	5
N-2	22 836 931.5	1494	15 285.76	$\frac{191.1\sim193.5}{192.3}$	1
N-3	1 348 717.8	996	1 354.13	$\frac{257.6\sim283.5}{270.55}$	8
N-5	12 231 618.1	885	13 821.04	$\frac{212.9\sim242.9}{227.9}$	2
N-6	1 752 866.2	885	1 980.64	$\frac{298.9\sim422.5}{360.7}$	4
N-7	46 880.8	786	59.64	$\frac{412.3\sim441.7}{427}$	7

四、内蒙古煤储层完井技术对煤层气井产能的影响

M-2井位于吉尔嘎朗图凹陷中洼槽锡林斜坡带,钻遇Ⅲ煤厚100m、Ⅳ-2煤厚55m,实测含气量 $0.97\sim3.83m^3/t$,地质条件有利,并采用了低密度钻井液钻进和目标煤层机械扩孔及空气钻进,注气增压改造也取得成功,钻完井过程顺利。该井完井后自动排液并产气,排采8天开始有套压,最高套压0.38MPa,停排时套压0.2MPa。由于多方面原因,该井排采连续性差,累计排采中断5次。日产水量 $10.32m^3$,累计产水 $1073.15m^3$,环空有气可点燃,产气效果不理想。

霍林河凹陷洞穴井霍洞1井试验效果也不理想。该井钻遇主力煤层10m,埋深410m,实测含气量 $1.2m^3/t$,采用下套管机械扩孔造穴完井,排采试气显示该井日产水小于 $0.5m^3$,无气体产出。

霍林河凹陷东南斜坡带的U-1-1是一口双层连通"U"形井(图7-15)。该井累计排采周期158天,分为3个阶段。第一阶段累计产水 $67.71m^3$,地层出水 $51.93m^3$,折合平均地层日产水 $0.49m^3/d$;第二阶段为洗井;第三阶段累计产水 $92.61m^3$,去除井筒容积水,地层采出水仅 $77.42m^3$,排采未出气。

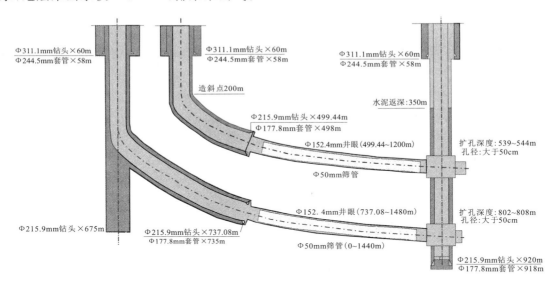

图7-15 U-1-1井井身结构示意图

二连盆地洞穴井、"U"形井试验均未能取得理想效果,造成产气效果差的重要原因是该地区煤层渗透性较差。据产水量估算M-2井Ⅳ-2煤渗透率为 $0.2\sim0.8mD$,霍洞1井试井渗透率为1.24mD。与采用洞穴完井技术获得成功的粉河盆地和圣胡安盆地相比,霍林河和吉尔嘎郎图凹陷煤储层渗透率要普遍低1~2个数量级(表7-2)。澳大利亚"U"形井应用的主要煤层渗透率大于50mD,霍试1井主力煤层测试渗透率仅为0.91mD。

当地露天开采揭露的煤层剖面观察测试表明,巨厚褐煤纵向上非均质性极强,不同宏观类型的煤岩其力学性质、渗透性差别较大。在这种情况下,选择煤层内部渗透率相对高且厚度大的煤岩层段实施完井工艺则会取得较好的效果。另一方面不连续排采也影响了排采效果。

表7-2 国内外部分中低阶煤层气盆地资源量及储层物性参数对比

地区	粉河盆地	圣胡安盆地	霍林河凹陷	吉尔嘎朗图凹陷
盆地面积($\times 10^4 km^2$)	6.68	1.94	0.054	0.01
盆地资源量($\times 10^{12} m^3$)	3.34	2.38	0.1	0.09
镜煤反射率(%)	0.35~0.52	0.75~1.2	0.37~0.6	0.3~0.5
煤层埋深(m)	600~760	170~1200	100~1200	<1000
开采深度(m)	120~600	500~1200	<1000	300~800
煤层厚度(m)	12~30	6~20	30~76	100~200
含气量(m^3/t)	1~5	8.5~20	2~6	1~4
饱和度(%)	80	75~90	80~90	70~91
渗透率(mD)	35~500	1~50	0.9~5	1~5
地层压力梯度(MPa/100m)	0.7~0.97	0.8~1.36	0.8~0.9	0.85~0.95

1. 固井射孔压裂完井

射孔完井是指在产层段下入套管,用水泥封固产后,利用射孔弹将套管、水泥射穿并穿进部分产层岩石形成流体的通道,连通产层和井筒的完井方法。射孔完井几乎可用于所有类型的储层岩石,是目前应用最多和适应性最广的完井方法。射孔完井包括套管射孔完井和尾管射孔完井。

1)套管射孔完井

套管射孔完井是钻穿储层直至设计井深,然后下套管至储层底部注水泥固井,最后射孔,射孔弹射穿套管、水泥环并穿透储层一定深度,建立起流体通道。

套管射孔完井既可选择性地射开不同深度的储层。现代的射孔完井技术已可使各种复杂的储层与井眼有很好的联通。除了在个别的储层,射孔完井已是最普遍、最经济、最有效的完井方式。

2)尾管射孔完井

尾管射孔完井是在钻至储层顶界后,下技术套管注水泥固井,然后用小一级的钻头,钻穿储层至设计井深,用钻具将尾管送下并悬挂在技术套管上。尾管和技术套管的重合段一般不小于50m,再对尾管注水泥固井,然后射孔与产层进行连通。

对于尾管射孔完井,由于在钻开储层以前上部地层已被技术套管封固,消除了产层上部地层的影响,因此,可以采用与储层相配伍的钻井液体系打开产层,以近平衡或欠平衡方法钻开产层,有利于保护储层,此外,这种完井方式可以减少套管重量和煤层气井水泥的用量,从而降低完井成本。

射孔完井的特点:射孔完井之所以是目前应用最广泛、最成熟的完井方法,是因为射孔完井几乎可适用于各种类型的油气藏。无论是孔隙型砂岩产层,还是裂缝型灰岩产层,都可采用射孔完井。射孔完井具有如下优点:

(1)可有效地封隔油、气、水层及多压力体系产层间的相互干扰,适用于有气顶、有底水或有含水夹层、易塌夹层等复杂地质条件下的储层。

(2)能方便地实现多套产层的分层测试、分层开采、分层压裂或酸化、分层注水等措施。

(3)可有效地支撑井壁,防止井壁坍塌对生产带来的影响。

射孔后压裂完井,用地面压裂车将压裂液以远超过地层吸收能力的排量注入井中,在井底附近形成高压,在地层中生成裂缝,随着带有支撑剂的液体注入缝中,裂缝逐渐向前延伸,在地层中形成了具有足够长度、一定宽度和高度的填沙裂缝。压裂是人为地使地层产生裂缝,改善流体在地下的流动环境,使煤层气井产量增加,对改善煤层气井井底流动条件和煤储层动用面积状况可起到重要的作用。

2. 筛管完井

筛管完井是目前国内外普遍使用的一种水平井完井方式,在生产水平段下入筛管,它可以支撑井壁,避免坍塌。其优点是储层不受水泥浆的损害,可防止井眼坍塌。主要的筛管完井方式有4种。

1)衬管顶部注水泥完井

钻穿储层后,套管柱下端直接与衬管相连,下入储层部位,通过套管外封隔器和分级箍对上部进行固井作业,以封隔储层顶界以上的环形空间。

筛管顶部注水泥工艺主要是采用盲板+管外封隔器+注水泥分级箍(或盲板+水泥伞+旋流短节)等完井工具配合下部的筛管共同实施的完井技术。其施工工序为:管柱下到设计部位后首先进行洗井作业,清洗掉井内、井壁及黏附在衬管壁上的沉砂和泥饼,必要时可进行酸洗。洗净后管内加压使封隔器坐封,打开固井分级箍进行注水泥作业。

衬管顶部注水泥完井的特点是在主要储层段采用筛管完井,保持了储层的原始渗透率。在上部井段采用配合工具实施固井,可有效封隔水层等异质地层,兼顾了筛管完井和固井完井的共同特点。

该完井方式主要应用在生产层段以上有大段水层的情况,通过注水泥进行永久封固,提高封固效果;水平段筛管根据水平段长度和煤层气藏情况,可以在水平段上连接膨胀式封隔器,实现对水平段分段,达到后期对水平段分段卡封和分段开采的目的。

2) 悬挂式衬管完井

钻头钻至储层顶界后,先下技术套管注水泥固井,然后用直径小一级的钻头钻穿储层至设计井深,最后在储层部位下入预先割缝的衬管。衬管的顶端有悬挂式封隔器,用钻柱将衬管柱送入井底的适当位置,用机械或液压的方法张开悬挂器,使衬管挂在裸眼层的套管上,并密封衬管和套管的环形空间,煤层气通过衬管的割缝流入井筒。

悬挂式衬管完井在打开产层前,由于上部地层已封固,可以采用与储层相配伍的钻井液或其他保护油层的钻井技术钻开油层。当割缝衬管发生磨损或失效时也可以起出修理或更换。

该完井方式主要应用在生产层断以上没有大段水层和干扰层的情况,通过在回接的盲管段上连接膨胀式封隔器来实现与油层段的压力隔离;水平段筛管根据水平段长度和煤层气藏情况,可以在水平段上连接膨胀式封隔器,实现对水平段分段,达到后期对水平段分段卡封和分段开采的目的。

3) 衬管封隔器完井

如果裸眼段顶部含有不稳定的夹层,或底部有底水时,可在衬管的适当位置加裸眼封隔器进行分隔。如果是产层上部气或者有易坍塌的地层,可在坍塌层下部安放封隔器,将有问题的上部岩层封隔,使下部层位裸露,就可使井恢复正常生产。产层下部有底水时,可将裸眼封隔器装在衬管的下方。在较长的裸眼段可在上下几个地方安放裸眼封隔器。这种完井方式也称为封隔器完井。

4) 衬管完井的特点和适用性

割缝衬管完井方法是当前主要的完井方法之一,特别是在水平井中应用较为广泛,对低渗透煤层气层进行压裂改造后也可下入衬管。

衬管的完井特点:产层裸露,保持了储层的原始渗透率,渗流面积大,具有较高的产能,提高了采收率;衬管不仅可以起到支撑井壁的作用,而且具有一定的防砂效果;由于固井过程中水泥浆不与产层接触,消除了固井过程中水泥浆对产层的污染,有效地保护了产层。

衬管完井使用的地质条件是:产层相对稳定;单一产层或压力、岩性基本一致的多储层;不准备实施分隔层段,选择性压裂处理的储层;岩性较为疏松的中、粗砂粒储层;稠油储层;特别适用于灰岩裂缝型储层和硬质砂岩储层。

五、新疆煤储层完井工艺对煤层气井产能的影响

1. S-1 井基本情况

S-1 井基本情况见表 7-3。

表 7-3 S-1 井基本数据表

地理位置	新疆维吾尔自治区阜康市白杨河矿区				
构造位置	黄山-二工河倒转向斜的北翼				
钻探目的	规模开发和产能建设				
井号	井别				设计井深(m)
S-1	定向水平井				919.04
预测基本参数	垂深(m)	一开井深	50		
		39#煤底			
		41#煤底			
		42#煤底	805		
	厚度(m)	39#煤			
		41#煤			
		42#煤	25.52		
完钻原则	钻至靶点			完井方法	筛管完井
录井项目	岩屑录井、钻时录井、钻井液录井				
完钻层位	八道湾组		目的层		42#煤层
井身结构	开钻次数	钻头(mm)	井段(m)	套管(mm)	下深(m)	水泥返深(m)
	一开	Φ444.5	0~50	Φ339.7	50	地表
	二开	Φ311.1	50~556.96	Φ244.5	554.96	39#煤层以上,300m
	三开	Φ215.9	556.96~919.04	Φ139.7	917.04	

2. 地质概况

1)地理位置

S-1 井是一口定向水平井,位于新疆维吾尔自治区阜康市白杨河矿区。

2)钻遇煤层

依据周边钻孔资料,预测 S-1 井的煤层埋深如表 7-4 所示。

表 7-4 S-1 井钻遇煤层(垂深)

煤层编号	煤层顶板深度(m)	煤层底板深度(m)	煤层纯厚度(m)
42#	779.48~805		25.52

注:地层埋深从地面开始计算。

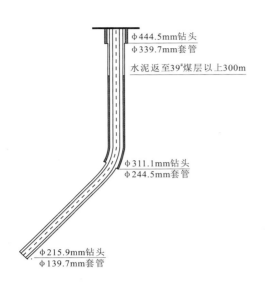

图 7-16　S-1 井井身结构示意图　　图 7-17　S-1 井与 S-2 井空间关系位置图

3. 井身结构

井身结构如图 7-16。

4. S-1 井和 S-2 井对比

S-1 井与 S-2 井相距 300m,地质条件、井型、钻井工艺及队伍都相同,只有完井方式不同(图 7-17、表 7-5)。

表 7-5　S-1 井与 S-2 井对比

井型	相同点	不同点
L1 井	开采目的层 42# 煤层;煤层进尺相似,L1 井为 362.08m,L2 为 379.1m;开采至今,两井均断续产水,水质清、可见煤粉;距离两井不远的 FS-1、FS-8、FS-45、FS-53 产水均偏低;无煤粉卡泵现象	采用筛管完井;煤层段完全筛管;初期产气 200~300m³/d,很快不产气、水
L2 井		煤层段固井;射孔压裂,6 段;初期产气 1500~1600m³/d,之后一直稳产在 2000m³/d 左右到现在

S-1 和 S-2 两井产能不同的主要原因有:

(1)煤储层孔渗条件差,当钻井固相残留物和不匹配外来流体产生的固相物质在煤储层中大量沉降堆积时,近井筒地带处的煤储层渗透率会明显下降,严重影响煤层井排水降压。S-2 井通过压裂解决了近井筒地带对煤储层整体排水降压的影响,S-1 井受制于近井筒地带的渗透率下降,压降传递范围受限,无法实现对煤储层深处的排水降压。

(2)S-1 井在生产水平段下入筛管,支撑井壁,避免坍塌。S-2 井在产层段下入油层套管、用水泥封固后,利用射孔弹将套管、水泥射穿并穿进部分产层岩石形成油气流的通道,连通产层和井筒。S-1和S-2两井均是定向水平井,两井相距约280m,地质条件相似。煤基质块的流体产出面积不同,S-1井的流体产出面积要小于S-2井。

(3)渗透率变化在时间上的差异。随着排采的进行,煤的孔裂隙系统中的水会排出,储层流体压力会下降,煤基质所受的有效应力增加,孔裂隙发生压缩、闭合,流体流动通道的导流能力下降。S-1井的井壁在同一时间,受到的井底流压几乎一致,也就是说在整个近井筒范围内的煤储层孔裂隙上,会在同一时间内受到相同的有效应力增量。S-2井的储层流体压降是通过压裂通道,逐级往储层内部传递,不同部位的有效应力增加量存在较大的差值。故而S-1井的流体产出对有效应力的增加更为敏感。

(4)受煤粉等固相颗粒影响程度的差异。固相颗粒来源包括钻井过程中钻具对煤层的研磨,压裂过程中携砂混合流体对人工裂缝煤壁的摩擦,煤储层内部的原生煤粉。由于S-1井的流体产出面积仅局限于煤储层与井筒的接触壁面,S-2井通过铺沙压裂裂隙连接天然裂隙多,一方面铺沙压裂裂隙稳定,孔隙大,导流能力强,不容易堵塞,另一方面受压裂液冲刷后的天然裂隙,避免更为平整,不利于固相的沉淀堆积。

(5)产出连续性的差异。S-1井采用筛管完井,煤储层内流体的产出完全依靠天然孔隙,流体流动通道复杂、脆弱敏感;S-2井采用煤层段固井,射孔压裂完井,压裂6段(实际排采利用了3段),流体的产出依靠人工裂缝和天然孔隙,人工裂隙规模大、面积广,与之接触沟通的天然孔隙多,因而伴随有效应力的增加,S-1井流体产出量衰减速度快于S-2井。

第二节 增产措施对煤层气井产能的影响

由于煤储层应力敏感,加之管控不当,易导致储层伤害,形成低产井。通过研究储层伤害机理,不断丰富解堵技术。在郑庄区块Ⅰ类区规模推广实施解堵性二次压裂、完善形成了针对水平井分支垮塌的氮气泡沫解堵技术、形成了针对作业导致近井污染堵塞的挤注解堵技术。以下几种技术在现场应用中都取得了较好的效果。

一、解堵性二次水力压裂增产技术

目前部分煤层气开发井由于在第一次水力压裂过程中没有形成长、稳裂缝或裂缝没有得到有效支撑,在后期降压排采过程中随着煤储层压力降低裂缝闭合,从而导致煤储层渗透率下降,煤层气单井产量急剧下降并最终维持在较低的产量;部分开发井早期单井产量较高,但由于后期排采措施采取不当或管理不当,煤粉产出严重,致使井筒附近煤层微孔隙、微裂缝堵塞,从而煤层气单井产气量逐步降低且无法恢复。对于这部分老井、低产井,采用二次水力压裂改造技术,可以有效地疏导第一压裂所形成的裂缝系统,穿透近井污染或堵塞地带,并在此基础上形成新的裂缝系统,从而可以有效提高煤储层渗透率和单井产量。二次水力压裂改造技术即对已开展过水力压裂的老井、低产井进行解堵性再压裂的一种复合完井增产技术。

在郑庄Ⅰ类储层内共实施解堵性二次压裂井见效率达89%,实施后日产气量由0.2万m³增加到2.5万m³,日增气量2.3万m³。其中小规模解堵井7口,见效率85%,见效井单井平均日增气量300m³;中规模解堵井26口,见效率80%,见效井单井平均日增气量490m³;大规模解堵井24口,见效率90%,见效井平均日增气量430m³;二次压裂井8口,见效率100%,见效井单井平均日增气量500m³(图7-18)。

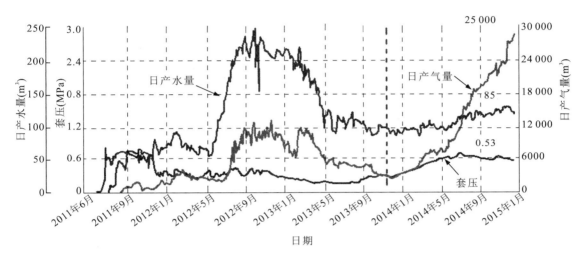

图7-18 解堵井综合生产曲线图(据中石油华北油田山西煤层气公司)

二、多分支水平井氮气泡沫解堵技术

煤层气多分支水平井已在沁水盆地南部樊庄区块得到了规模应用。但受高阶煤煤储层应力敏感性强、煤储层底部构造煤发育及多分支水平井特殊的井身结构影响,生产过程中的压力波动易导致主、分支坍塌变形,致使产气量、产水量快速下降,开发效果不理想。华北油田山西煤层气公司依托区块内大量的生产及监测数据,通过分析井壁失稳的主要原因,探索了多分支水平井氮气泡沫解堵技术,现场增产效果明显,具有很好的示范推广作用。

1. 井眼失稳机理

井壁垮塌主要出现在钻井过程中,由于煤岩具有强度低、胶结差、易破碎等特点,钻井过程中的压力波动会使得煤岩容易发生疲劳损伤破坏,加速井壁煤岩微裂纹的扩展,直至井壁垮塌。另外区块内水平井均采用裸眼洞穴完井,研究表明,埋深600m的井在排采过程中动液面降到520m时井眼容易失稳坍塌。不同岩石类型力学性质统计见表7-6。

表 7-6　不同岩石类型力学性质统计表

岩石类型	密度 (g·cm^{-3})	抗压强度 (MPa)	抗拉强度 (MPa)	黏聚力 (MPa)	内摩擦角 (°)	弹性模量 (GPa)	泊松比 μ	速度 (m·s^{-1})
砂岩	2.47~3.47	50.60~281.30	1.77~10.67	1.91~13.07	33.41~39.15	16.13~86.44	0.11~0.33	3888~5714
	2.76	111.50	6.66	6.30	36.49	59.54	0.20	4836
粉砂岩	2.43~2.63	67.28~130.09	1.20~9.20	1.25~2.40	39.00~40.03	30.00~34.00	0.28~0.33	3600~4800
	2.56	94.54	5.20	2.33	39.52	32.00	0.30	4200
砂质泥岩	2.64~2.98	13.50~112.10	0.70~8.70	4.00~11.90	31.90~38.39	7.60~44.00	0.10~0.30	1300~5700
	2.72	53.46	4.39	6.22	34.14	22.96	0.22	3500
泥岩	2.05~2.97	9.81~81.50	0.30~7.29	0.14~8.40	31.80~41.52	2.01~19.71	0.15~0.34	1696~3072
	2.68	42.75	1.91	3.95	36.72	10.35	0.24	2478
煤	1.30~1.46	2.25~14.20	0.19~0.55	0.04~4.13	30.20~33.42	0.70~4.74	0.11~0.38	2374~2944
	1.39	11.45	0.35	2.09	31.81	2.69	0.23	2564

2. 氮气泡沫解堵原理

研究表明，常规入井液易漏失，携砂能力差。而泡沫流体具有较高的表观黏度，携砂性能远远大于水，悬浮能力是水或冻胶液的 10~100 倍(图 7-19)。携带能力强，特别是在水平井段，泡沫携砂具有显著优势，返排时可将固体颗粒和不溶物携带出井筒。同时，泡沫流体密度低且方便调节，井筒液柱压力低，并且泡沫中气体膨胀能为返排提供能量，适用于低压井和漏失井。

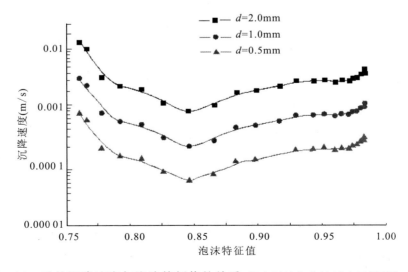

图 7-19　砂粒沉降速度与泡沫特征值的关系(据中石油华北油田山西煤层气公司)

沁南煤层气田水平井多采用裸眼洞穴完井,井深结构复杂,井眼稳定性差,在生产过程中,分支极易坍塌而堵塞井眼通道,且随着生产延续,地层产液逐渐减少,水平井井眼内流体携带煤粉的能力变弱,导致煤粉逐渐沉降形成堆积,无法顺利排出井筒,导致产能无法释放,水平井低产甚至不产气。通过向地层内注入高压液氮混合液后快速放喷,利用高流速泡沫液携带近井通道内煤粉返排至地面,解除近井地带煤层垮塌、堵塞,疏通井眼通道,从而达到提高单井产气量的目的。

3. 施工要求

针对水平井特殊的井身结构,要达到解堵的目的,需提升负荷≥30t的作业机1台、700型水泥车1台、20m³水罐车1台、20m³液氮车2台、液氮泵车1台、液氮40m³、泡沫液12m³。

4. 现场应用

在氮气泡沫解堵理论研究的基础上,现场实施10口井,日产气量由1.8万m³增加至3.2万m³,单井增加1400m³。

生产实例1:P-1-5井于2010年8月1日投产,静液柱压力3.10MPa;8月28日解吸,解吸压力2.12MPa,解吸时累产水量127.7m³;2010年12月15日达到最高产气量9024m³。措施前套压0.07MPa,日产气2545m³,日产水0.1m³;措施后套压0.4MPa,日产气5900m³,日产水0.1m³,产量仍有一定上升空间(图7-20)。

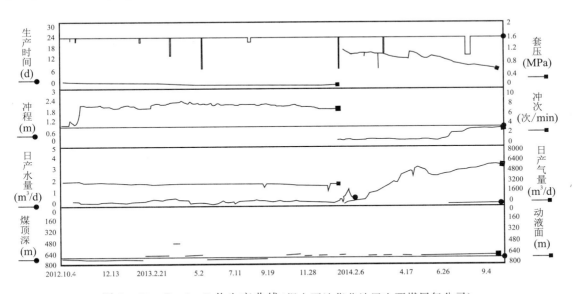

图7-20 P-1-5井生产曲线(据中石油华北油田山西煤层气公司)

生产实例2:P-11-1井于2009年4月10日投产,静液柱压力1.77MPa;9月14日解吸,解吸压力1.487MPa,解吸时累产水量6734.32m³;2010年6月9日达到最高产气量34 500m³。措施前套压0.03MPa,日产气5242m³,日产水0.3m³;措施后套压

0.11MPa,日产气 13 474m³,日产水 0.5m³(图 7-21)。

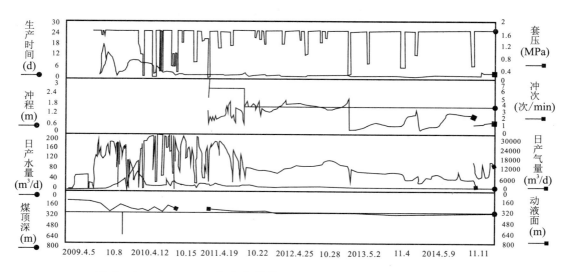

图 7-21　P-11-1 井生产曲线(据中石油华北油田山西煤层气公司)

生产实例 3:P-9 井于 2010 年 11 月 18 日投产,静液柱压力 2.74MPa;11 月 28 日解吸,解吸压力 2.29MPa,解吸时累产水量 28.8m³;2012 年 5 月 12 日达到最高日产气量 1150m³。措施前套压 0.03MPa,日产气 537m³,日产水 0.1m³;措施后套压 0.1MPa,日产气 1000m³,日产水 0.1m³(图 7-22)。

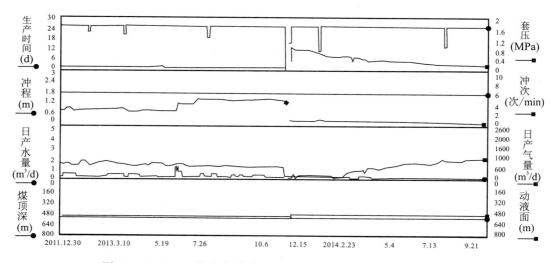

图 7-22　P-9 井生产曲线(据中石油华北油田山西煤层气公司)

三、解除直井近井污染的挤注解堵技术

高阶煤煤储层非均质性强,这不仅体现在横向上井与井的差异,亦体现在纵向上不同

位置裂隙发育程度的差异。随着排水降压的持续,气井近井地带储层压力逐渐下降,在作业维护过程中如操作不当,可导致个别井近井地带储层污染,堵塞裂隙通道或射孔炮眼,导致产气量突降。为此华北油田山西煤层气公司研发了解除直井近井污染的挤注解堵技术,该技术目的是针对气量突降、井筒工艺完好的井,判断近井通道堵塞,探索实施"两小"的挤注解堵增产措施,即小排量、小液量解堵。主要是利用水泥泵车(400型泵车2台,单车排量大于$0.6m^3/min$),以$0.8\sim1.4m^3/min$的低排量,向地层注入$60\sim90m^3$清水,疏通近井堵塞通道或射孔炮眼,以解除近井地层污染,实现产量的快速恢复,其注入压力可达$0.5\sim8MPa$。

在樊庄-郑庄区块产气量突降井实施挤注现场试验6井次,全部见效,日产气量由0.2万m^3增加至0.5万m^3,日增产气0.3万m^3,具有较好的推广价值。

生产实例:端氏D-229井于2009年12月11日投产,稳产后气量$3700m^3$,2014年2月15日产气量突降,后实施检泵作业未见效,产气量维持在$800m^3$,分析认为是近井地带堵塞,于是实施挤注解堵,解堵后气量快速上升,目前日产气量$3644m^3$,日产水量$0.6m^3$,见到了良好的效果(图7-23)。

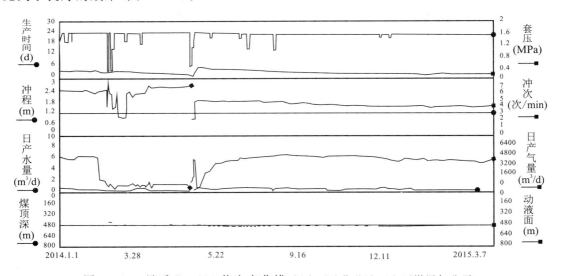

图7-23 端氏D-229井生产曲线(据中石油华北油田山西煤层气公司)

第三节 急倾斜煤层煤层气井开发井型

一、垂直井和顺煤层井排采过程中流体运移特征对比

1. 水平煤层与倾斜煤层排采过程中流体运移特征对比

煤层气的排水降压过程中,流体在裂隙中运移时,气泡(气柱)主要受浮力、压差驱动力及表-界面张力的作用。其中浮力方向总是垂直向上,而压差驱动的方向由流体高压指向低压。由于气体受浮力作用明显，而地层水则受重力、压差作用明显，因此排采时流体运移过程中，气相和水相的运移速率及方向均可能存在较大差异，从而造成气水分异(图7-24)。

排采过程中，倾斜煤层的开发和水平煤层最大的区别在于气水的分

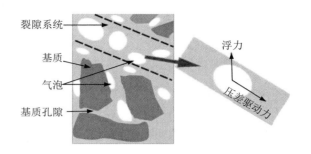

图7-24 裂隙系统中气泡的受力示意图

异对煤层流体运移和压力传递的影响不同。煤层气产出过程中，水平煤层和倾斜煤层压差驱动力方向不同，浮力、重力及压差驱动力的共同作用所导致的气水分异有着较大的区别。

产水阶段，储层导流裂隙中为地层水单相流，不存在气水分异现象。当煤层气开始解吸运移时，对水平煤层来讲，浮力对气体及地层水的影响均较小，排采过程中，气水均主要在压差驱动力的作用下沿裂缝通道向井筒汇聚，气水分异现象并不明显。然后，倾斜煤层地层水运移方向为下倾方向，煤基质的煤层气刚开始解吸时在煤层水中形成的气泡较小，气泡(柱)受到的垂直向上的浮力较小，同时裂隙远近端的压差较大。因压差驱动力远比气体浮力大，气泡(柱)随煤层水往下倾方向一起汇聚至井底。随着煤层气的不断解吸，储层生产压差逐渐变小，气体受到的下倾方向的驱动力逐渐减小，同时导流裂隙中的气泡相互汇聚变大，气体受到的浮力也逐渐增大，向上倾方向运移的趋势增大，甚至出现气水运移方向相反，气水运移的综合作用导致储层内部气水两相流体在空间上的分异逐渐增大。

由于倾斜煤层中气体受浮力作用明显，且储层裂隙形态不规则，这阻碍了地层流体的持续运移，加重了储层中的气锁现象。

2. 倾斜煤层垂直井与顺层井排采过程中的流体运移特征对比

垂直井井身结构如图7-25a所示；顺层井则采用直井段＋增斜段＋稳斜段的井身结构，如图7-25b，根据需要稳斜段在煤层中沿下倾方向钻进50～100m。

倾斜煤层排采过程中气水分异现象的存在导致垂直井与水平井两种不同开发方式下的储层压降传播特征的较大差异。

1) 垂直井开发方式

随着排采的进行，沿煤层上倾方向会出现明显的两相流相态分布带，宏观上则表现为气水相对渗透率在空间上的差别，两相流的存在导致了水相渗透率$K1$远小于$K2$(图7-26)。

煤层气生产上通过排水降低储层压力。产水阶段，在钻孔上方，地层水在重力与压差驱动力的作用下，向煤层下倾方向运移至井筒产出，钻孔上方的储层压力可以迅速下降传播；而在钻孔下方，地层水受到的压差驱动力难以克服自身重力，也就无法向井筒运移，因此钻孔下方的储层压降传播速度缓慢，压降传播距离也较小。

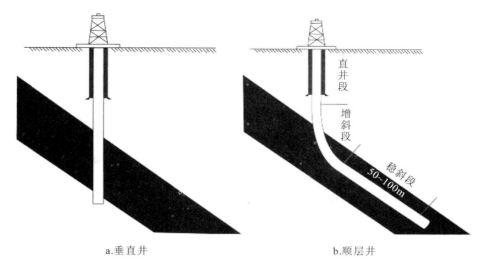

图 7-25 垂直井与顺层井井身结构示意图

随着排水量的不断增加,进入气水两相流阶段后,储层有效解吸范围也不断增加。钻孔上方煤层首先发生解吸,气水两相在空间上也逐渐发生分异,而钻孔下方煤层气水分异则出现滞后。倾斜煤层气水分异导致压降漏斗形态与水平煤层也有较大差异。由图 7-27 不难看出,对于垂直井网,排采初期在两口煤层气井之间存在较大面积的难降压区,难以形成有效的井间干扰,而在井网下方则存在更大面积的地层水滞留区域,该

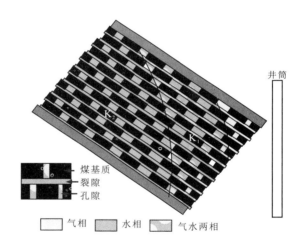

图 7-26 煤层垂直井筒上倾方向气水分异示意图

区域储层压力无法快速下降,难以开发该区域吸附态煤层气。

2)顺层井开发方式

对于倾斜煤层顺层井,进入气水两相流阶段以后,同样存在着气水分异现象。在钻孔上方,气水分异现象与压降传播规律与垂直井类似;而在钻孔下方,由于稳斜段与储层有足够大的接触面积,因此该区域地层水可以沿导流裂缝就近运移至井筒产出。随着地层水源源不断地产出,该区域储层压力可以有效降低,进入气水两相流阶段以后,储层有效解吸范围也会随之持续扩大。

顺层井稳斜段可以有效开发钻孔下方吸附态煤层气资源,而对于顺层井井网而言,稳斜段的存在还可以与邻近钻孔形成有效的井间干扰,扩大了压降传播范围,同时还能降低

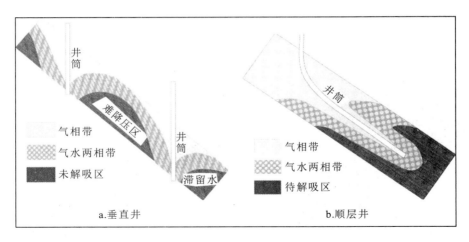

图 7-27　垂直井与顺层井储层压降传递模型

储层枯竭压力,最大限度地开发区域煤层气资源。

总之,倾斜煤层采用顺层井煤层气开发方式,会降低气水分异带来的负面影响,有利于压力降的传播,提高单井产量和最终采收率,同时减弱粉堵、气锁等对储层带来的伤害,适用于急倾斜煤层的煤层气开发。

二、垂直井和顺煤层井开发效果对比

1. 压降传递对比

直井煤层气在产水阶段煤层水向垂直井筒呈"点源"汇聚;在两相流阶段,由于两相流带的存在及其附近固相堵塞的影响,储层整体表现为压力降的传递速度慢、单井压降范围小,尤其是钻井下方地层水滞留区面积大。排采过程中,临井间的降压漏斗扩展速度慢,有效解吸范围小,井间干扰效果不明显,无法充分发挥井群排采效果。顺煤层井排采压降的传递,产水阶段煤层水向顺煤层井筒呈"线源"汇聚,两相流阶段受两相流带干扰的影响较小,煤层水、气存在畅通的优势通道汇聚井筒。整体变现为压降的传递速度相对较快,单井压降范围大。井群间的干扰可以有效地达到井群排采的效果。

2. 固相物产出影响对比

直井的排采范围较小,流体往下倾方向汇聚集中且受固相物自身重力的影响,大量的固相物自裂隙中被流体集中搬运至主干通道、井筒或在井筒附近发生堵塞;两相流阶段,容易在两相带附近的主干裂隙中堆积堵塞通道;地面表现为初期产粉量可能较高,需要捞粉和解堵作业,后期则流体产出困难,常规作业难以完全解决固相堵塞问题。

顺煤层井稳斜段的存在,使得井筒与储层接触面积更广,降压解吸范围更大,导流裂缝通道较多且分布较广。排采过程中产生的固相物可就近相对分散地运移至井筒。地面表现为初期产粉量较高,可通过捞粉和解堵作业及时解决,后期固相物堵塞对流体产出的影响较弱。

3. 单井产量对比

井筒及与其沟通的裂隙系统范围、气水分异及储层压降传递和排采过程中储层伤害（气锁、粉堵等）是影响直井及顺煤层井产量差异的重要因素。

(1) 井筒及与其沟通的裂隙系统范围。对于直井而言，由于井筒直接接触煤层的面积太小，裂隙系统的范围依赖于压裂形成的人工裂缝通道，取决于压裂施工的质量；对于顺煤层井来讲，井筒大部分与煤储层的裂隙系统沟通，井筒延伸距离受井壁的稳定性影响，通过工程技术可以保证井筒较长距离的延伸。

(2) 储层压降传递。直井压力降的传递较慢，储层有效解吸面积小而顺煤层井压降的传递速度相对较快，储层有效解吸范围更大。此外，对于直井来讲，临井间存在着较大范围的难降压区域，储层压降传递较慢，难以有效形成井间干扰，达到井群排采的效果。而对于顺煤层井井网而言，稳斜段的存在还可以与邻近钻孔形成有效的井间干扰，扩大了压降传播范围，同时还能降低储层枯竭压力，有利于提高煤层气采收率。

(3) 排采中的储层伤害。直井排采中更容易引起储层气锁现象和粉堵，对产量的影响较大。生产实践证明顺煤层井开发效果比较好。

第八章 煤层气井排采动态监测装置与工艺技术

煤层气井排采中的动态监测对象与手段繁多,监测对象包括产气、产水、产粉量及其成分,管压、套压、动液位、井底流压、温度、冲程、冲刺、电机转速、泵效、光杆载荷与位移等。除地面管线、井筒工况外,在条件允许时,也会对储层动态参数如含气量、储层压力、渗透率等进行监测。不同监测对象的监测手段不一,适应条件不同,精确监测煤层气井排采动态是精细化定量排采控制制度落实、优化的关键,也是进行煤层气区块滚动开发的重要依据。

第一节 井底流压监测装置与工艺技术

煤层气地面排采过程中,井底流体压力是制定煤层气井排采管理控制的核心参数,也是了解煤层气排采阶段与储层物性动态变化的重要依据。过去我国煤层气地面开发初期,一般通过测定和调控井筒动液面高度来管控煤层气井筒流体压力变化,该方法可以粗略获取井底流压。随着煤层气排采控制精细化定量化程度的不断提高,对井底流压的监测频率与精度要求越来越高。由于当前是通过测定动液面高度来估算井底流压存在极大的误差,因此,煤层气生产中一般采用电子压力计监测井底流压动态变化。

电子压力计是一种可测定油气开发井井筒流体压力与温度的电子设备,具有实时性高,精度高以及灵敏度高等特征。

一、电子压力计原理

电子压力计核心部件为压力传感器与温度传感器。由于压力计的工作环境恶劣多变,因此感应元件的制作需要选用符合目标气井煤层埋深、井斜、温度、压力、腐蚀性、煤粉量等条件,以确保压力计的可靠性与稳定性。

根据压力传感器和温度传感器的应变电桥原理,压力计的振荡电路在井下地层压力和温度的共同影响作用下,将被测流体的压力值、温度值转化为电路系统可识别的电阻值及电压值,并由振荡电路整频转换为计算机识别的电流频率值信号,再经软件矫正处理,折算成现场工作人员需要的井下压力和温度数据。因此,电子压力计的核心回路包含压力测量电路和温度测量电路两个测量电路。

二、电子压力计类型

电子压力计可分为地面直读式电子压力计与存储式电子压力计。

地面直读式电子压力计的工作过程是将电子压力计与电缆、配套测试工具连接,下入井内预定深度,压力计将目标层位流体压力与温度的变化信号通过电缆传输至地面系统并由地面操控软件系统显示、存储及处理流体压力与温度变化参数。

存储式电子压力计是指采用井下存储测试技术将由单片机系统组成的存储记录仪及供电电池与电子压力计进行捆绑集成,并随同测试工具投入被测气井,存储记录仪的单片机系统按照预先设定的采集存储程序将电子压力计感应到的矿层中压力计温度存储在存储器中,测试任务结束后,将电子压力计从井口取出,并与计算机相连,系统将按照预定的操作程序将记录仪中存储的压力计温度数据进行回放。

三、影响井底流压测定可靠性与稳定性因素

煤层气压力探测装备使用过程中需要长期浸没在动态地层水(含煤层气)中,著者团队设计的该装置在井下正常运行时间至少为一个修井周期。在此过程中,煤层气井下地层水压力、pH 值、S 含量、产煤粉量等因素会直接影响煤层气压力探测装备的可靠性和稳定性。现初步将煤层气压力探测装备运行中可靠性、稳定性问题总结如下。

1. 电缆信号损失

据现场调研,目标煤层一般分布于煤层气井下 500~800m 之间,电缆在如此长的距离间传输信号的过程中,极容易造成信号损失。鉴于此,著者团队一方面考虑对压力探测装备供电并适当加大导线直径,另一方面在压力探测装备电路板上加装驱动,以防止信号损失。

2. 电缆低压渗水

著者团队通过与华北油田现场人员交流了解到信号传输电缆在煤层气井筒水中长期浸泡后,环空间隙的水会在静水压力(约 3~5MPa)下逐渐向穿透传输电缆外包皮中渗透,甚至会穿透电缆外包皮,并随电缆内表面流入导线接口处,造成井下监测仪器短路而损坏。针对此问题,著者团队将选择不同类型的电缆包装做高压渗透试验,优选防渗防漏电缆。

3. 传感器精度

煤层气井下检测参数(如流量、气水比)的微小变化可能对煤层气井的产能产生重要影响,因此传感器精度是著者团队优选考虑的问题。著者团队在优选监测井下甲烷气泡破裂振动情况的传感器时,发现有些类型的传感器可以感应与之直接连接的固体振动却无法感应气泡破裂振动,显然该类型传感器不能监测井下气泡破裂振动情况,尚需开展更多的传感器选型试验及安装位置探究。

4. pH 值、S 含量

煤层气井下地层水一般为中性至微碱性,并有一定 S 含量,若不选用较好管材,压力探测装备零部件长期浸泡下极易被腐蚀。因此,有必要选用抗碱、抗 S 的整体钢材,在传感器及电缆等电子元件选型上需要对其 pH 值、S 含量使用范围做试验。

5. 煤粉

煤层气抽采过程中,煤层气井筒中的煤粉会随着地层水的产出逐渐聚集在抽采管柱中,甚至堵塞筛管、尾管,降低抽油泵效率,因此,煤层气井中产煤粉可以严重削弱煤层气井的产量。鉴于此,著者团队考虑到压力探测装备零部件可能会存留部分煤粉,甚至出现完全被煤粉糊住的现象。所以,著者团队开展了煤粉对排采参数测定的干扰程度试验,取得了理想效果。

第二节 井筒流体多参数监测设备与工艺技术

由中国地质大学(武汉)自主设计研发的煤层气井流体探测仪(以下简称探测仪或监测仪),可对煤层气垂直井不同层位油套环形空间气液两相流流体压力、温度、流量、气泡、液位等参数进行实时监测。此外,实验室内配套设计和组装的流体参数解释模拟装置,可帮助解释煤层气多层合采井下气水两相流体流动规律。

煤层气井流体探测仪的主要优势与功能为:①提供煤层气垂直井油套环空流体压力、温度、液位、流速、密度分布以及气泡形态等参数;②为预测井下流体参数变化特征,研究气藏及井筒气水两相流动规律提供实测值。

一、监测原理

煤层气井流体参数监测仪在井下安装探测短接及各类型传感器,通过电缆为井下探测短接供电并传输探测信号。井下流体压力、温度、流体冲击及气泡振动情况经数据传输电缆传输到地面,地面工控机通过 Lab VIEW 编写的软件将采集到的数据波形进行实时显示、存储及回放。

监测仪安装的探测传感器包括压力传感器、温度传感器、靶式应变计和气泡传感器,各类型传感器配合实现对油套环空气水两相流实时监测的工作流程原理如图 8-1 所示。

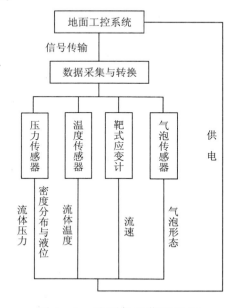

图 8-1 监测仪工作流程图

监测仪对合层排采上下主产气层监测方法为:在井筒上下各主力煤层附近分别安装监测短接,短接上有压力传感器、靶式应变计以及气泡传感器,利用获得各主力煤层流体流速、气泡形态、流体压力等参数并结合地面流量计获得的总产气量,可分别获知各主力煤层产气贡献量。

在井筒上下各主力煤层附近分别安装监测短接如图8-2所示。

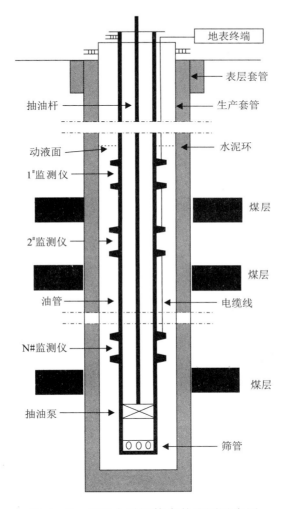

图8-2 多层合采流体参数监测示意图

二、探测仪主要技术参数

(1)短接仪器尺寸:Φ90mm×380mm。
(2)探测深度:0~1000m。
(3)测量温度:0~100℃。
(4)测量压力:0~20MPa。

(5) 多相流流速:0.5~7.5m/s。

(6) 测量气泡最小直径:3mm。

(7) 工作电压:220V。

(8) 数据存储方式:实时地面传输。

(9) 供电方式:井下电缆供电。

(10) 数据传输形式:并联传输。

三、探测仪结构组成

适应垂直孔的煤层气井流体探测仪按组成结构可分为井下探测部分、信号传输部分及地面工控部分。

1. 井下探测部分

由于井下探测部分位于煤层气井下环空中,并且安装了煤层气井流体多参数探测的各类传感器,因此井下探测部分是煤层气井探测仪的核心部分。煤层气井流体监测仪井下机械结构主要分为3个部分:井下短节、接箍和井下电路板仓。井下探测部分为螺纹规格与Φ73油管螺纹尺寸相配套。仪器短接上安装的传感器包括压力传感器、温度传感器、靶式流量计以及气泡传感器。短接数量与传感器分布可依据具体的煤层气井生产工况自行设计。

1) 接箍结构设计

由于井下短节外壁上安装了较多的传感器,为了在下井过程中避免与井壁发生碰撞导致传感器或其他元件破坏,在短节与油管之间专门设计了接箍,一方面方便两者进行相连,更重要的是接箍周围设计了4个凸起,这4个凸起略微小于油管内径,可以确保监测仪下井及在井下工作过程中管柱发生晃动时传感器等仍能正常工作。井下测量短节的组装如图8-3所示。

图8-3 井下测量短节实物图

2）井下电路板仓设计

由于远距离传输过程中信号衰减程度很大，因此需将电路板置于井下确保地面接收到的信号强度稳定。这就需要采取一定的措施保证电路板在井下能够完全密封，不会被水侵入发生短路。下井之前首先测试电路板的好坏，然后将电路板放入电路板仓，引线穿过仓盖上的孔后盖上仓盖，并采取密封措施。

2. 数据采集与传输部分

1）信号采集电路

井底监测仪的参数采集系统负责对各传感器的检测数据进行采集、处理、控制和传输以实现对井底流体参数的实时监测。其主要由单片机、串口通信模块、电源模块、时钟与复位模块、差分放大模块和各传感器接口等组成。

电源模块将地面输入电压稳压到各传感器及相关元器件需要的压力后输出，使整个系统开始工作。单片机直接采集温度参数并控制 AD 转换器采集压力、流量和气泡速度及体积等参数。其中，靶式流量计的输出数据经差分放大模块放大并转换为单端信号后输入单片机。

单片机在采集完成后，将采集到的数据经串口通信模块转换为电信号后传输到地面存储系统，经"煤层气井排采参数监测仪"软件存储并显示，至此参数采集系统完成对井底流体参数的监测过程。

2）数据传输电缆

探测仪采用多芯电缆，既对井下探测短接进行供电，也可将探测信号传输至地面，因此电缆是连接探测仪井下、地面部分的桥梁。传输电缆由扶正器与环箍固定于油管表面，以减小其上下井过程中与井下设备挤压碰撞与缠绕。为防止安装、拆卸仪器时电缆与井下管柱摩擦碰撞，以及工作中的传输电缆包皮内外压差易导致煤层产出水渗入电缆内部从而影响监测精度，选用钢丝铠装电缆。

探测仪采用并联数据传输，且可能要向井下先后下放多个监测短接，因此，现场实验前应根据选区试验井的煤层埋深、液位、抽油泵位置以及油管长度确定各短接的具体安装位置并计算监测短接之间的电缆长度。

由于探测仪井下探测短接以及数据传输电缆长期在煤层气井筒水中浸没，因此短接中的电路板以及电缆的接头耐压密封是仪器研制的重点和难点，经过多种类密封胶及机械密封构件开展了大量室内实验，达到了预期效果。

3. 地面工控部分

探测仪地面部分是由转换接口和单片机控制的数字化仪表组成，具有记录、存储、计算、显示及控制等功能。当信号电缆将压力、温度、流量、振动情况以及液位高度等参数通过单片机进行采集处理之后传输到串口通信模块，通过串口转换 USB 模块将数据传输到用 Lab VIEW 编写的可视化软件形成的虚拟仪器，将采集到的数据的波形图直接通过虚拟仪器实时显示出来。地面工控部分可以通过分析处理信号数据,并根据人工设定生产参数范围及时调控煤层气井抽油机、抽油泵等排采设备工况,从而将井底压力,气水流量、液位等流体参数控制在合理范围,有助于科学调控煤层气井。

由于探测仪监测中需高频采集数据,仪器工作时损耗较大,且地面采集的数据尚未实施地面无线电传输,因此,现阶段监测数据仍然采用人工现场读取与整理。图8-4为探测仪数据监测波形图。

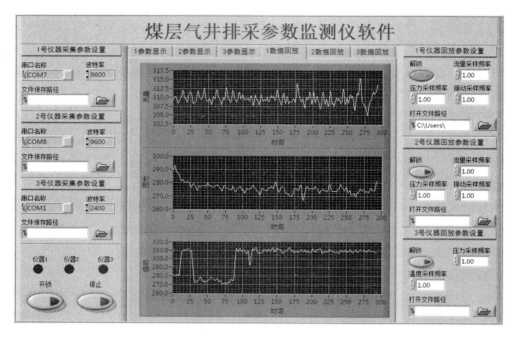

图8-4 探测仪数据监测波形图

四、井筒气水两相流体关键参数探测

1. 流体密度分布与液位

在煤层气井筒两相流垂向上间隔一定距离布置若干压力传感器,通过对这些压力传感器的数据进行综合分析可以得出任意深度处流体的密度及井筒动液位。

随着两相流在垂向上含气率的变化,流体密度也逐渐变化。因此,不妨假设流体密度在两相流垂向上呈线性关系,即流体密度与深度之间的关系为:

$$\rho = \rho_0 + kH \tag{8-1}$$

式中:ρ 为流体密度(g/cm³);ρ_0 为待定常数,物理意义为液面处的流体密度;k 为待定常数;H 为压力传感器到液面的距离(m)。

井筒流体压力由井口套压、纯气柱压力以及气水两相段压力三者之和,即:

$$p = p_t + p_g + p_m \tag{8-2}$$

式中：p 为井筒流体压力(MPa)；p_t 为套压(MPa)；p_g 为纯气柱压力(MPa)；p_m 为气水两相段压力(MPa)。

则井筒中距离液面 H 处的流体压力为：

$$p = \frac{1}{2}(\rho_0 + \rho)gH + p_t + p_g = \frac{1}{2}kgH^2 + \rho_0 gH + p_t + p_g \tag{8-3}$$

设最顶端压力传感器到液面的距离为 H_1，且3个压力传感器间距分别为 h_1、h_2（图8-5），则这3个压力传感器处的流体压力可分别表示为：

$$p_1 = \frac{1}{2}kgH_1^2 + \rho_0 gH_1 + p_t + p_g \tag{8-4}$$

$$p_2 = \frac{1}{2}kg(H_1 + h_1)^2 + \rho_0 g(H_1 + h_1) + p_t + p_g \tag{8-5}$$

$$p_3 = \frac{1}{2}kg(H_1 + h_1 + h_2)^2 + \rho_0 g(H_1 + h_1 + h_2) + p_t + p_g \tag{8-6}$$

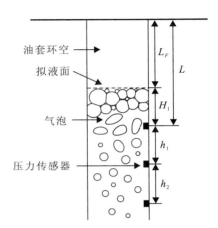

图8-5 流体密度分布与液位探测示意图

由此可知，在 p_t、p_g、h_1、h_2 已知的情况下，只要通过压力传感器分别测得所在位置的流体压力 p_1、p_2、p_3，联立式(8-4)、式(8-5)、式(8-6)利用数值分析方法，便可求得压力传感器到液面的距离 H_1 与待定常数 ρ_0、k。

将 ρ_0、k 代入式(8-1)可得出气水两相流垂向上的密度变化。由于压力传感器到地面的深度 L 已知，那么井筒液位则可表示为：

$$L_F = L - H_1 \tag{8-7}$$

式中：L_F 为液位(m)。

2. 气泡形态

监测仪采用气泡传感器实时监测井底两相流中气泡运动形态与特征。将气泡传感器安装在仪器短接表面，流体上涌时，气泡连续撞击气泡传感器后产生振动，其振动幅度、频率与气泡含量、大小具有一定的正相关性，而气泡传感器的振动情况又可通过其输出的电压信号处理后得到。振动信号通过电位计转换为电信号以后由电缆传输到地面工控机。图8-6为两相流中两种不同气体流量条件下，气泡传感器分别测得的100个电压值。经计算，较小排气量气泡冲击气泡传感器得到的100个电压信号值的方差为0.013，而较大排气量气泡冲击气泡传感器得到的100个电压信号值的方差为0.080。其波形图对比较为明显。

尽管气泡传感器的振动情况反应了井筒气泡含量、大小的变化，但并不意味着气泡传感器可以直接测定两相流气泡含量、大小等参数值，且不同的气泡传感器电信号输出也不完全一致。因此，现场应用前，需在实验室组装气水两相流发生装置，对不同气含率、不同气泡大小的流体进行设定与标定,找出气泡传感器输出电信号与气含率及大小的对应函数关系。

若在煤层气井筒垂向上安装多套监测仪短接,便可获知两相流气泡在垂向上的分布情况。这对于研究煤层气井筒流型与气含率具有重要意义。

3. 流速

在监测仪短接表面垂直流体运动方向安装靶式应变计,当流体经过靶式应变计的应变片时,应变片受到流体的作用力可

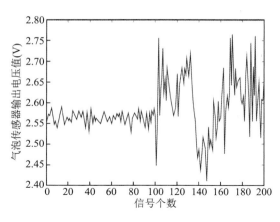

图 8-6 气泡振动波形图

分为 3 部分:①流体对应变片的冲击力,即流体动压力;②应变片对流体的节流作用,在应变片上下产生静压差;③流体对应变片的黏滞摩擦力。流体作用于应变片上的力主要决定于前两项,作用力可表示成如下形式:

$$F = \frac{1}{20} K A_0 \rho v^2 \tag{8-8}$$

式中:F 为流体作用在应变片上的力(N);K 为应变片的阻力系数,可由实验确定;A_0 为应变片迎流面积(cm^2);ρ 为流体密度(g/cm^3);v 为流体平均流速(m/s)。

由式(8-8)不难得出,流体平均流速为:

$$v = \sqrt{\frac{20F}{K A_0 \rho}} \tag{8-9}$$

由此可知,在被测流体的密度、应变片迎流面积已知的情况下,只要测出应变片受到的作用力,便可求出流体的流速。

应变片受力产生机械变形后电阻值发生变化,应变片的电阻变化与应变成正比例关系,即:

$$\frac{\Delta R}{R} = K \times \varepsilon \tag{8-10}$$

式中:R 为应变片原电阻值(Ω);ΔR 为变形所引起的电阻变化(Ω);K 为比例常数(与应变片材料性质有关);ε 为应变。

在应变片弹性变形范围内,受力与其应变为线性关系。应变片受力与电阻值变化关系由实验室进行标定。

井筒流体流速决定于流体压力、流体型态及产气量,在流体型态及流体压力已知的情况下,监测的流体流速可用于测算井筒气水各相流量。

五、应用

1. 应用效果

探测仪在国家"十二五""十三五"期间先后在山西沁水盆地寺河矿区及新疆阜康白杨河矿区开展了现场探测试验(图8-7)。结果表明,仪器运行正常,井下数据通过电缆传输至地表的数据清晰可读,上下主产气层均有气体流量显示,且没有对生产造成任何附加困难。利用该探测仪取得了一系列数据,通过解释可获得不同主力煤层合排过程中的产气贡献,且没有对煤层气井生产造成任何附加困难。

2. 应用前景

基于对监测仪功能定位及当前我国非常规天然气勘探开发实际需要,笔者认为监测仪在以下几方面具有广阔应用前景。

图8-7 煤层气井流体探测仪安装现场

1) 煤层气/页岩气开采

我国煤层气开发区块发育多层主力煤层,合层排采井数量逐渐增多,但缺乏合层排采经验,尚未建立普遍接受的合层排采工作制度。了解煤层气井合层排采过程中各主力煤层产气、产水量有助于评价合层排采可行性,优化合层排采制度。

在井筒上下各主力煤层附近分别安装监测仪,获得各主力煤层流体流速、气泡形态、流体压力等参数并结合地面流量计获得的总产气量,可分别获知各主力煤层产气贡献量。

同样作为非常规天然气的页岩气产出机理与排采方式与煤层气非常类似。因此,该监测仪在页岩气开采中同样具有应用前景。

2) 智能调控排采工况,数字化管理排采井

一方面监测仪可实时获取井下流体压力、温度、液位、流速、密度分布以及气泡形态,若将监测结果通过一定波频进行远距离传输,则地面排采人员可远程及时了解井下工况变化;另一方面监测结果自动反馈至人工举升系统,人工举升系统根据系统提前设定的流体参数范围,自动调节排采强度,从而将井底压力、液位、气水流量等流体参数控制在合理范围,有助于排采井的数字化排采管理。

第三节 煤层含气量动态监测装置与工艺技术

我国目前的煤层气勘探技术主要包括煤层气钻井、测井以及地震勘探技术等。由于我国复杂的煤层气地质情况,传统勘探方法虽能够准确有效地了解局部的煤层气浓度及含量,但由于在打钻孔过程中,地下应力场发生变化,常导致探测结果与实际情况存在偏差,同时也存在勘探成本高、勘探效率低等缺点。另外,地震勘探方法需要人工激发信号,并且存在勘探面积大的限制,不能进行单口开采井的勘探。此外,当需要进行煤层气排采动态探测与评价时,这些方法更显不足。

由北京大学自主研发的高精度、便携式煤层含气性超低频电磁探测仪能在煤层气井排采的同时,实现非损伤、经济、高效的煤层含气性动态探测目的。

一、煤层含气性超低频电磁探测原理

由于含气煤岩是一种流变介质,因此在煤层气排采过程中,该流变介质所引发的动电效应、压电效应以及斯捷潘诺夫效应等,均可能使得含气煤岩向其周围空间产生大量的电磁辐射。特别是在煤层气排采过程中,存在大量的气体的解吸过程,煤层气气体压力梯度的存在,使得解吸的气体流动,诱发动电效应,从而在煤岩空隙表面形成电势和产生流变的电场,形成电磁辐射。此外,还有外部作用于煤层的电磁波,包括大气层雷电、日地作用以及人类活动带来的电磁信号等。这些电磁波在地下的传播深度是其频率和地下物质视电阻率的函数,对于该电磁探测情况,基于探测效率的考虑,探测系统自动将探测频率按地下理想介质分布模式以半经验公式直接转换为探测深度:

$$h = H(f) = 107\,355 \times f^{-1.018\,4} \tag{8-11}$$

式中: h 为电磁探测深度; f 为电磁波频率。

上述的频深转换公式为在多个已知地层视电阻率情况下通过大量实验拟合而得。故在实际的探测工作中,需要通过探测地区已知地质资料,进行深度标定工作:

$$h_\text{实} = H(f) + \delta \tag{8-12}$$

式中: $h_\text{实}$ 为标定后的探测深度; $H(f)$ 为仪器测得深度; f 为探测频率。

该探测仪器根据天然超低频电磁波的物理特性以及地下信息的相互作用规律,接收天然形成的煤储层电磁信号,经过数据分析转化,便可以得到煤储层含气性的深度——振幅探测频谱曲线。

二、煤层含气性超低频电磁探测仪器组成及特点

煤层含气性超低频电磁探测仪由磁传感器(探头)、数据接收与处理系统以及自带电源 3 部分组成。

该探测仪器通过电子扫频的方法顺序接收天然形成的频率为 3～3000Hz 范围内的电磁辐射信号,经过信号放大与滤波、数模转换等手段,实时显示探测结果。

由于仪器接收的天然源超低频电磁信号为不同来源的综合信号,各种信号的综合具有非平稳信号时变的特点。基于此,该探测仪器应用曲波变换的方法对煤层的天然超低频电磁信号进行分解、重构,这样可有效去除大气层雷电产生的干扰信号,更有利于煤层含气性超低频电磁探测频谱曲线的解释。

与人工源超低频电磁探测需要人工发射超低频电磁信号不同,被动式超低频电磁探测的观测对象主要为天然场源电磁信号。该信号可利用的频率范围比传统遥感利用的频段范围更为宽广,而且因为频率较低,其具有探测深度大(可达地下 1000m)、不受高阻屏蔽、分辨能力强等优点。此外,探测频谱曲线能够有效反应较长时间跨度的煤层气排采动态变化情况。

三、应用实例

山西沁水盆地位于我国晋东南地区,是目前我国煤层气勘探程度最高、资源条件最好、最有开发潜力的地区。2010 年 5 月,北京大学利用煤层含气性超低频电磁探测装备在山西晋城胡底煤矿进行了煤层气井的煤层含气性探测试验。探测时以煤层气生产井为圆心,以不同距离为半径布设测点,每一圆周上至少进行 4 个方向上的探测,圆周半径间距以实地地理位置情况以及探测结果动态确定,但至少进行 3 个不同半径的圆周探测,最小探测半径的测点距进口约 3m。每个测点至少探测 3 次。对同一口排采井同一半径所有符合数据质量的探测数据进行综合,一般取其平均值作为该半径距离上的探测曲线。图 8-8 为某煤层气生产井探测信号分解后的频谱曲线。

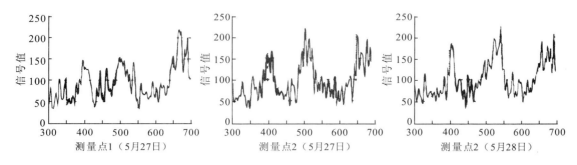

图 8-8 胡底煤矿某煤层气井煤层含气性探测频谱曲线(据秦其明,2011)

从曲线整体形态上来看,同一天不同探测点(测点 1、测点 2,相距约 10m)探测曲线整体形态基本一致,在 400m、500m 深度以及 660m 深度附件的高振幅异常明显,其中 500m、600m 附近分别与该井地质资料中 3#、15# 煤层埋深相符。同一测点不同探测时间探测曲线的整体形态更为一致,主要是因为超短时间跨度上的煤层气排采动态变化不大,煤层气的超低频电磁辐射差异不大。

第四节 规模化智能排采监测技术

一、规模化智能排采监测的必要性

随着我国对煤层气资源需求量的快速增加,煤层气开发井数量逐年增加,现已达到 18 000 余口。目前,大多数企业在煤层气的开发过程中,对排采设备都沿用手动控制设备、人工调整参数等传统办法,这样存在很多的问题:①大多数煤层气井分布在荒山野岭,而且井网式分布面积大、井多,且不集中。人工采集气井的生产数据难度大,而且采集周期大、准确性差,尤其是当储层压力快要将至临界产气压力时,需要精准掌握液位及流压,并不断调整井筒压降速率,人工调控难以对排采精细化控制。②排采系统设备的运行状态及参数不能及时掌握,出现异常情况时,若维修不及时还会影响生产。③传统排采设备需要工作人员到现场进行调整控制,人工劳动强度大,效率低下会导致生产成本居高不下。④煤层气井排采监控数据较多时,人工处理数据繁琐耗时,效率低。因此,对于数量庞大的煤层气井排采生产,规模化智能化远程排采监控是新时代科技创新的结果,也是节约煤层气开发成本的必要措施。

二、智能排采监控系统功能与原理

智能化排采系统可实现对产水量、产气量、井下温度、井底压力、动液位、套压、管网压力、冲次、冲程、产量、水量、扭矩等各项生产参数的自动采集与连续监测,对生产工况进行分析诊断,并远程自动调整变频器参数,实时调控冲次,实现对动液位以及井底压力的精准控制。规模化智能化排采监测系统集智能排采系统、排采分析系统、生产管理系统、智能安防系统、智能供电系统、智能巡井与调度系统于一体,极大减少对人员的依赖,大大提升运营效率,降低气井维护成本。该应用满足了煤层气井以控制井底流压为核心的"连续、平稳、缓慢、长期"的排采要求,便于生产管理的各部门及时掌握生产动态,及时发现生产异常,缩短故障处理时间,提高开井时率和工作效率,为实现煤层气井精细化生产管理提供了有力保障。

智能化排采监控系统一般由数据采集系统、数据传输系统与智能控制系统组成(图8-9)。数据采集系统通过各类型传感器采集煤层气井筒及抽油机工况参数并通过数据传输系统将生产参数传输至智能控制系统,而后

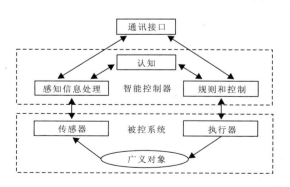

图 8-9 智能控制系统的结构

经过数据分析、工况诊断以及排采控制制度精细定量化远程调控抽油机变频器以及井筒流体压力、动液位等参数,使煤层气井排采保持连续、平稳、缓慢、长期。

三、智能排采监控系统应用实例

2009 年 7 月 15 日起对 FZP-A 井实施智能排采控制,起初制定的工作制度为 1.5 次/min,每天下降液面高度为 3～5m,较容易控制,且效果较好。后更改工作制度为 1.2 次/min,每天下降 1m。该条件下液面控制十分不稳,于是选取了具体到天的数据,进行了全天候的观察。结果发现该天内井底流压和冲次的变化幅度很大,抽油机转速控制比较困难,达不到平稳降压的效果。特别是 2009 年 9 月 14 日的数据,冲次突然升高,极易造成煤粉卡泵,造成停产(图 8-10)。

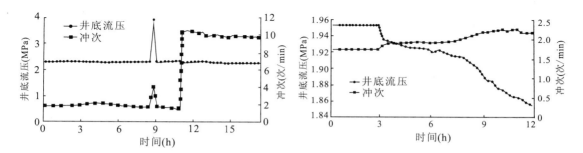

图 8-10　FZP-A 井智能监控系统曲线　　图 8-11　FZP-A 井智能监控系统调整后生产曲线
　　　　（据石惠宁等,2010）　　　　　　　　　　　　（据石惠宁等,2010）

试验表明,动液面受诸多因素的影响。关键影响因素包括:井底压力计精度、冲次调整与流压变化之间的延迟、励磁电机转速的非线性输出。为去除上述干扰因素,采取针对性调整措施:①提高井底压力计的精度,去除零点漂移,减轻电缆传输过程中信号的衰减;②冲次调整的时间间隔适度放宽,给出压力恢复时间;③选择大扭矩电机,增强抽油机动力,降低排采设备非线性影响。

经过调整后,FZP-A 井的控制效果有了明显的改进,基本达到了预期效果(图 8-11)。选取 2009 年 9 月 25 日数据绘制成图 8-11 所示曲线。全天从上午 3:35 到上午 11:42 共连续取 30 个冲次与流压对应点,其中有 3 个流压点与冲次不对应,符合率 90%。

试验表明,抽油机井智能排采控制系统可以适应于沉没度大于 5m、液面调整幅度 1～5m、排液量大于 0.3m³/d 的煤层气井智能排采,冲次在 9～11 次/min 时控制精度较高。有利于煤层气井的连续稳产、高产。

在沁水郑庄煤层气田 ZH-47 煤层气井进行智能排采技术现场应用。郑庄 ZH-47 煤层气井井深 720m,3 号和 15 号煤层深度分别为 590m、670m,套管规格 5-1/2。由于抽油泵经常性损坏,无法正常生产,已停产 2 年。煤层气排采智能提水机系统于 2013 年 5

月初在该气井成功应用。初始液面150m,平均每天排水量大于8t。当液面深度为450m时,井内压力为0.14MPa,同时进行储层震荡,储液筒下放至620m,以3m/s高速上提,对煤层形成负压,有效解堵,水中含有大量煤粉,井内压力逐渐上升,最高供气憋压为0.5MPa。因管道维修原因2013年5月28日正常产气,初始气井供气压力为0.14MPa,日产气量120m³,并随着液面深度增加,呈增长趋势。根据2013年7月2日记录数据动液面位于566.3m,距离3号煤层约

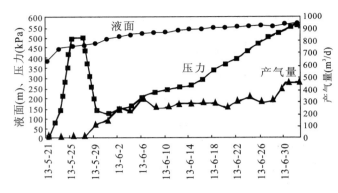

图8-12　ZH-47井智能排采控制生产曲线
（据白利军等,2014）

35m,日产气量940m³,液面较高,仍有产气潜力。ZH-47井现场应用效果图如图8-12所示。

以上实例在一定程度上说明了智能化排采监控系统对于实时掌握煤层气井排采工况,及时调整排采强度方面的优势,有利于实现煤层气井稳产、高产。然后共同存在的问题是,智能监控系统也有其适应的工况条件且无法制定合理的排采控制制度。因此,只有努力寻求适合规模化智能排采监控系统工作条件以及适应不同地质条件下煤层气井筒压降调控方案,才能真正实现规模化智能煤层气井排采精细管理。

第九章 煤层气井精细排采控制

煤层气井排采是制约煤层气采收率与经济效益的关键环节之一,统计表明,全国超过一半的煤层气低产井是因为排采管理不善造成了产能束缚。煤层气排采控制技术不够精细、定量化程度不高,不仅可能造成煤储层伤害,还会增加企业成本。我国构造复杂多变,不同地区煤层气藏地质条件差异较大,即便是同一个煤层气开发区块不同煤层气开发地质单元之间的地质条件也不同。此外,随着我国最近几年对新疆、内蒙古等地区低阶煤层气藏开发的重视,凸显了煤储层开发地质条件的差异。在这种情况下,简单地套用以往的煤层气排采控制制度或者根据经验制定排采工作制度显然已经无法满足我国大规模开发煤层气的需求。因此,十分有必要发展适应不同地质条件的排采控制理论与技术。

第一节 煤层气井排采精细控制的理论基础

一、煤层气的解吸、扩散与渗流

在煤层气藏原始状态下,煤层气处于平衡状态。当煤层气井排水时,随着地层压力的不断下降,煤层气开始解吸,扩散并在裂缝系统中向井筒渗流。概括起来,煤层气的产出包括解吸、扩散与渗流3个阶段。

1. 解吸阶段

由于煤层气的吸附属于物理吸附,具有可逆性,即煤的等温解吸曲线与其等温吸附曲线是大体相同的,符合 Langmuir 等温吸附模型。因此,可根据煤的 Langmuir 等温吸附曲线来描述煤层气的解吸过程,预测煤储层在生产过程中随压力下降解析出来的煤层气量。

在实际情况下,煤储层中的煤层气何时开始解吸,还与煤储层的含气饱和度有关。如果煤储层的含气性达到饱和程度,即在等温吸附曲线图上,对应初始储层压力下的煤层气含量点落在曲线上时,只要压力一降低,煤层气就开始解吸。如果煤储层含气性未达到饱和程度,即对应初始储层压力下的煤层气含量点位于曲线下方,显示煤层气含量小于对应储层压力下的最大吸附气量时,尽管压力降低,煤层气也不会马上解吸。直到储层压力降到某一压力,即等温吸附曲线上与该气体含量数值大小相同的那一点对应的储层压力时,才会有煤层气解吸,该压力称为临界解吸压力。

临界解吸压力和储层压力的比值直观地表示了煤层气排水降压的难易程度,比值越大,煤层气井产气越容易。解吸过程快慢可用解吸时间来度量,所谓解吸时间是指总的吸附气量的63.2%释放出来所需要的时间。解吸时间是煤层气解吸后扩散特征的重要参数,它间接反应煤层气早期产量达到高峰的速度。

2. 扩散阶段

由于煤基质块中的孔径很小,渗透率极低,煤层气在其中的达西渗流非常微弱,可以忽略不计,所以一般认为煤层气在煤储层基质孔隙中的运移方式主要是扩散作用。所谓扩散是流体分子在浓度梯度驱动下由高浓度区向低浓度区随机流动的过程。

在拟稳态扩散模式中,假设在煤基质块内煤层气在扩散过程中每一个时间段都有一个平均煤层气浓度。根据 Fick 第一定律,在浓度差的作用下,煤基质块中煤层气向外扩散量的数学表达式为:

$$\frac{\mathrm{d}V_m}{\mathrm{d}t} = -D_i a(V_i - V_e) \tag{9-1}$$

式中:q_m 为扩散量;D 为扩散系数;V_m 为煤微孔隙体积;S 为割理间距;C_m 为基质含气浓度;$C(p)$ 为基质-割理界面上煤层气的平衡吸附浓度。

该方程描述了从基质到裂缝中的流动过程。假设基质为圆柱体,这是对储层的一个近似。Fick 第一定律中的均衡常数叫做扩散系数 D。通过室内岩性实验,测试解吸随时间的变化,可确定扩散系数。

通过解吸时间 τ 可计算扩散效应。τ 与割理间距 m、扩散系数 D_i 有关:

$$\tau = \frac{m^2}{8\pi D_i} \tag{9-2}$$

3. 渗流阶段

煤层气在煤储层中流动的主要通道是煤层裂隙。煤裂隙中除了煤层气外,还存在水,并在压力梯度的驱动下,沿压力降低的方向呈层流流动,其流动规律符合 Darcy 定律。气水两相以各自独立的相态混相流动,流速与各自的有效渗透率成正比。

二、煤储层物性动态变化

煤储层内流体的运移,将引起有效应力、渗透率、含气量、储层压力等储层参数一系列的变化。了解并掌握以上参数的动态变化规律对于开展煤层气排采诊断以及制定合理的煤层气井井筒压降制度具有重要意义。

1. 有效应力

排采过程中孔裂隙流体压力的变化会对有效应力产生直接影响,而受有效应力、基质收缩、煤粉运移等因素影响,储层渗透率将处于动态变化之中。

$$\sigma_e = \sigma - \alpha P \tag{9-3}$$

式中：σ_e 为有效应力（MPa）；σ 为初始地应力（MPa）；α 为有效应力系数；P 为储层压力（MPa）。

考虑到煤储层应力敏感性，产水阶段储层压降过快会引起储层渗透率迅速下降，从而造成储层伤害，而稳产气阶段储层渗透率的恢复则有利于煤基质内压降传递，进而最大程度地提高煤层气井产气量。因此，排采过程中对储层压降的控制应充分考虑储层应力敏感性及渗透率变化特征。

2. 渗透率

渗透率代表了煤储层的导流能力，对储层压降传递速率及传递范围均有重要影响，渗透率越大，越有利于储层压降的传递。煤层气排采 4 个阶段中，煤储层受有效应力效应、基质收缩效应、气体滑脱效应及煤粉共同影响，煤层气藏渗透率处于动态变化之中。有效应力效应是由于煤层气藏排水降压过程中煤体承受的有效地应力增加，导致裂缝逐渐闭合的效应；基质收缩效应是吸附的煤层气不断解吸，煤基质收缩，导致煤层气藏孔裂隙张开的效应；气体滑脱效应是当压力极低时，气体分子的平均自由路程达到孔道尺寸，气体分子扩散可以不受碰撞而自由运动，导致渗透率增加的效应。另外，由于煤岩机械强度很低，煤储层常常发育构造软煤带，煤层气排采过程中，煤储层难免会有煤粉产出，若排采制度不合理，会激发煤储层产生更多的煤粉，煤粉在煤层气藏大裂隙系统中运移极易造成裂隙的堵塞从而降低气藏渗透率。对于水平井来说，若水平分支井穿过构造软煤带，煤粉就比较容易分离并沿井筒运移，极容易造成井眼堵塞垮塌。因此，煤粉对煤层气藏渗透率动态变化的影响不可忽略。

3. 含气量

煤层初始含气量与对应压力条件下的理论含气量之比为含气饱和度，煤层气藏含气饱和度决定着煤储层含气量进入快速下降阶段的时间。由 Langmuir 方程不难知道，在煤层气整个排采过程中，含气量随着储层压力的变化而变化，且变化趋势与储层压力变化趋势一致。因此，在已知储层压力动态变化的前提下，可以计算获得储层平均含气量以及储层任意位置含气量动态变化规律。需要注意的，由于 Langmuir 方程仅适用于表达当储层压力小于临界解吸压力之后含气量与储层压力的关系。因此，对于欠饱和煤层气藏，在煤层气开始产气之后，Langmuir 方程只适用于表征临界解吸范围之含气量随着储层压力变化而变化的关系；而对于饱和煤层气藏，则储层任意范围内的含气量均可以通过 Langmuir 方程和储层压力表征。

三、储层伤害

煤岩机械力学强度较低，我国煤储层渗透率普遍偏低，具有应力、水敏、速敏等效应，因此，排采过程中极易引起储层伤害。排采过程中的储层伤害类型包括裂隙闭合、煤粉堵塞、吐砂、水锁等。

1. 裂隙闭合

前文已述,煤储层具有强烈的应力敏感性,产水阶段排采强度过大,井筒压降过快会导致储层裂缝闭合而引起裂缝导流能力的迅速下降。

2. 煤粉堵塞

排采强度忽大忽小、频繁停泵检泵、射孔压裂过程中沟通构造软煤带以及裂缝复杂多变都有可能造成排采过程中煤粉堵塞裂缝,引起储层伤害。分析研究不同排采阶段不同来源的煤粉形态特征,揭示不同井型在不同裂缝组合条件下的裂缝起运规律是提出有效减低煤粉堵塞伤害的重要理论依据。

3. 吐砂

尽管压裂末期会加入顶替液,但在压裂液返排及排采流体产出过程中仍然难免会有压裂砂回流至井筒,有些煤层气井吐砂十分严重,甚至可以埋没煤层。煤矿井下煤层气井开挖观测表明,部分煤层气井筒周围会堆积大量压裂砂,尤其是在软煤带区域。大量压裂堆积在井筒附近或回流至井筒会极大地增加井筒附近流体运移摩阻,增大储层压力梯度,不利于排采中压力扰动范围及气体解吸范围的有效扩展。

4. 水锁

水锁伤害主要表现在裂缝末端,是毛管阻力引起的流体无法运移产生的。水锁伤害主要表现在二次水力压裂过程中,压裂液携带远高于煤储层压力的能量引起地层水(及煤粉或压裂砂)反向流动,破坏流体在裂缝系统中的运移平衡及应力平衡状态,高压下流体向煤层深部的逆向流动引起水锁效应。水锁效应会造成压裂裂缝末端储层压力难以释放,限制煤层气的解吸与运移。

四、煤粉的运移

在煤层气井排采初期的排水降压阶段,煤粉从构造煤集合体中被淘洗出来,水流作用在煤粉与构造煤集合体的分离过程中起到了关键的作用。气流对煤粉的携带作用很强,实验表明气流对煤粉的携带作用远强于水流。

煤粉运移进入井筒必需具有连通性好、有一定宽度且与井筒连通的裂缝,这种裂缝条件在多数情况下是存在的。煤层气井产出的煤粉主要为原生煤粉,其发育方式主要有两种:一种是发育于软煤分层上部的煤分层中,另一种是发育在煤体内部与构造煤集合体连接的裂缝系统。对于垂直煤层气井来说,煤粉的运移通道主要分为近井通道和裂缝通道两种。对于水平煤层气井来说,煤粉的运移通道主要是取决于水平分支井所穿过的煤层带,如果穿过了近垂直的构造破碎带,水平井就极易塌孔扩孔,煤粉就容易分离并通过水平井运移出来。

此外,对于倾斜煤层,直井与"L"形井煤粉的运移途径也明显不同,直井煤粉运移通道与井筒呈"V"形,排采中煤粉在重力作用下较容易产出至井筒并在井筒底部堆积;"L"

形井煤粉运移通道与井筒整体呈"十"形,重力在煤粉运移中的作用较小,将煤粉牵引至井筒的驱动力较弱。

五、合理套压

煤层气排采过程中,气体从井底运移至井口产生套压而后经过油嘴产出至输气管线。排采中套压受到人为调整及煤层气产出量变化等因素的影响会随着时间的变化而发生变化。煤层气产出过程中套压的控制应遵循以下3个基本原则。

1. 大于管汇系统压力

排采过程中,煤层气井输气管线中的系统压力略高于大气压且几乎保持不变,为了使井口产出的煤层气顺利进入初级集输站,套压需要大于管汇系统压力。

2. 大于启动压力梯度

生产压差是井底流压与储层压力的差值。当煤层气成为游离气并运移至储层裂隙系统之后需要在生产压差作用下沿裂隙网络系统渗流至井筒。煤层水能否发生流动取决于水流动的动力是否大于其阻力。煤储层渗透率较低,且煤储层内裂隙走向宽度复杂多变,因此,只有在足够的压差作用下,煤层中的水才能发生流动并源源不断地从井筒远端运移至井筒。这种状态下,让水发生流动的压力梯度即称为启动压力梯度。

忽略油套环空管壁摩擦阻力,井底流压为井口套压与井筒液柱压力之和,因此,套压对生产压差的调控实际上是井底流压对生产压差的调控。对于一定高度井筒液柱的煤层气井,套压越大,井底流压越大,生产压差越小;反之,井底流压越小,生产压差越大。

3. 减少储层伤害

尽管较大的生产压差有利于煤层气的快速产出。考虑到煤储层应力敏感性,产水阶段储层压降过快会引起储层渗透率迅速下降,从而造成难以恢复的储层伤害,而稳产气阶段储层渗透率的恢复则有利于煤基质内压降传递,进而最大程度地提高煤层气井产气量。因此,排采过程中对储层压降的控制应充分考虑储层应力敏感性及渗透率变化特征。

综上所述,套压大小的选择应该综合考虑管汇系统压力、启动压力梯度并避免储层伤害。由于管汇系统压力通常只略高于大气压,因此,套压的选择应控制在能够使井底流压提供足够的生产压差以及会产生储层伤害的压力之间。由于排采过程中,储层压力及井底流压均随着时间变化而变化,因此,要求不同排采阶段井口套压大小也不同。

六、排采增产

文中排采增产是指在排采过程中对煤储层进行改造来增加或延续煤层气井产气量的手段。目前常用的排采增产工艺有二次压裂、径向井工艺、脉冲气动压裂等。从现有排采增产技术来看,主要是以改善储层渗透性为目的。排采中对煤层气藏进行增产改造应考虑以下几个方面的理论。

1. 提高渗透性

煤层气排采中,煤储层应力变化以及复杂裂缝煤粉运移均容易导致裂缝闭合或堵塞,从而大大降低煤储层渗透性。排采中的解堵、二次压裂,或造新缝技术都是为了提高煤储层渗透率,增加煤层裂缝导流能力。对于酸化解堵而言,溶蚀近井地带裂缝中的方解石矿物,也是提高裂缝导流能力的一种手段。

2. 降低储层伤害

煤层具有水敏、速敏、应力敏感效应,且排采过程中在煤基质与裂隙系统中已经形成了由远端至井筒的气-水-固三相流动平衡状态。排采中的增产改造以提高渗透性为主要目的的同时,还应充分考虑排采增产改造对储层的伤害。例如,尽管通过二次水力压裂可以提高储层渗透性,但也同时会对煤层产生负面影响。

(1)煤储层长期排水降压后,由于气-水-固三相流在导流裂缝中对裂缝壁面的冲刷,导致煤层裂缝附近煤岩机械强度的逐步降低。如果在排水降压过程中进行二次水力压裂,压裂液携带的高压必然对煤储层导流裂缝产生强烈的冲击,极易破坏储层煤体结构,产生新的煤粉。

(2)二次压裂过程中可能产生新的裂缝,这些新的裂缝尽管可以在一定程度上扩大煤层气的有效解吸范围,但也可能沟通煤粉带,这样导致煤粉进入人工裂缝,增加煤层气井产粉量。

(3)二次水力压裂时压裂液携带的压力(十几至二十几兆帕)要远高于煤储层压力,此时会引起地层水(及煤粉或压裂砂)反向流动,破坏流体在裂缝系统中的运移平衡及应力平衡状态,高压下流体向煤层深部的逆向流动可能引起水锁效应。此外,裂缝系统内的流体压力急剧增加,迫使裂缝系统压力高于基质内压力,会破坏煤岩基质内甲烷气解吸与扩散平衡,增加了煤层气解吸运移的难度,不利于煤层气的产出。

3. 促进煤层气解吸

煤层气井排采一段时间之后,储层能量逐渐衰竭,煤层气解吸速率变缓。排采增产工艺若能改变煤基质孔隙表面的势能,促使煤基质释放更多的甲烷气,则会有利于提高煤层气井后期产气量。煤岩对不同吸附介质的吸附能力不同,几种常见吸附介质的相对吸附能力顺序为:$N_2 < CH_4 < C_2H_6 < CO_2 < H_2O$。当前不少煤层气开发区块通过注入 N_2 降低吸附混合气中 CH_4 分压或注入 CO_2 来置换 CH_4,促使煤基质释放更多甲烷气。但在实践中,提产效果却并不理想,一方面需要加强煤层多组分气体吸附/解吸理论研究,优化施工工艺提高施工效益,另一方面,研发或寻找加入压裂液中的新材料,激发煤基质内甲烷气活性,增强甲烷气释放速率,可能是未来煤层气井排采增产的一个手段。

第二节 排采属性评价

当前我国地面煤层气井排采普遍面临的一个关键问题是煤层气抽排方案单一,不能充分结合煤层气藏地质条件针对性地制定煤层气排采开发方案。从实际需求的角度来讲,在进行地面煤层气井排采前,有必要对排采过程中可能影响煤层气产出的各因素进行评价,划分有利因素及不利因素,分析这些因素对煤层气产出过程的潜在影响程度,以便有针对性地选择适合煤层气藏特定开发条件的排采设备与排采工作制度。

一、煤层气藏排采属性评价的概念

煤层气藏排采属性评价系指地面煤层气井排采前对排采过程中影响煤层气产出地质与工程因素影响程度的分析与评估。其中,有利于煤层气产出的因素为有利因素,不利于煤层气产出的因素为不利因素。煤层气藏排采属性评价包括地质属性评价与工程属性评价。

二、煤层气藏排采属性评价的内容

(一)排采地质属性

1. 煤体结构

煤体结构是指煤层在地质历史演化过程中经受各种地质作用后表现的结构特征,根据煤体结构通常可将煤分为原生结构煤与构造煤。原生结构煤保留了煤层原生沉积结构及原生构造;构造煤则历经构造作用后,发生了成分、结构与构造的变化。构造煤包括碎裂煤、碎粒煤与糜棱煤。煤体结构除了影响煤层钻孔稳定性及压裂人工裂缝形态外,也是反映排采过程中主干裂缝稳定性的重要因素(图9-1)。

图9-1 煤体结构分类

对煤储层大量观察研究表明,在煤体中经常发育一层带状分布的粉状软煤带,含有大量煤粉,煤体颗粒粒度一般小于1mm,著者将其定义为细软煤。当煤层气钻孔钻穿或压裂裂缝沟通细软煤时,排采过程中,由于煤粉颗粒细小,呈片状或片状集合体,比表面积大,有较强的亲水性,排采过程中易与煤层水混合极易引起煤层气井大量产出煤粉,造成储层伤害。此外,由煤粉流动性试验可知,气流对煤粉的携带作用远强于水流,气体流速越快,裂缝中煤粉受到气流的牵引与携带作用也就越强,最终导致煤层气井极易产出大量煤粉引起煤层气渗流通道的堵塞。原生结构煤及碎裂煤中煤粉产出少,其中碎裂煤中的外生裂隙通常成为压裂裂缝优先扩展的通道,形成较大的解吸范围,因此,碎裂煤发育的部位通常是煤层气产出量较高的区域。

此外,对于原生结构煤或碎裂煤而言,压裂一般都会形成主裂缝,排采压降过程中,裂缝闭合慢。而碎粒煤及糜棱煤发育的区域压裂液能量损失严重,压力传递分散,常无法形成主裂缝,压裂裂缝主要集中在近井筒部位,排采时裂缝的净压力下降更为明显,导致压裂液沟通的微小裂缝迅速闭合,大幅降低了煤层气井的解吸范围,产量下降明显。

因此,对于构造软煤带较为发育的地区,在煤层气开发前要首先避免在该区域布置煤层气开发钻孔。对碎粒煤、糜棱煤等构造破碎严重的煤层,在排采过程中,要及时关注井底流压、产量变化情况,合理控制排采强度,避免排采激动煤粉起运并在裂缝转折处沉降而堵塞导流裂缝,同时要紧密关注井底煤粉堆积厚度,及时开展捞粉作业,保持井筒入口的畅通。对于煤体破碎严重,煤粉较多地区应考虑使用排粉能力强的排采设备。

2. 裂隙系统发育特征

煤层气藏高渗透性是煤层气高产的前提。前文已述,煤储层当中发育天然裂隙网络系统,这些裂隙网络系统是煤层气从基质运移至井筒的渗流通道,裂隙系统发育程度决定着煤储层有效渗透率的大小。裂隙系统发育程度越高,表明煤储层有效渗透率越大,越有利于排采过程中煤层气的渗流。因此,排采前对煤宏观裂隙的观察或对煤储层剖面大裂隙系统的观察解剖在一定程度上评价了煤储层渗透率的大小。此外,对煤岩样品进行渗透率的测试以及煤层气井试井渗透率测试可以直接获取原始储层渗透率。根据我国煤层气开发的经验,试井渗透率大于 1mD 的煤储层,可开发性较强,排采过程中易于取得高产;试井渗透率在 0.1~1mD 之间时,储层经强化改造且排采中使用合理的排采工作制度,煤层气井可以取得高产;试井渗透率小于 0.1mD 时,多为低产井,排采过程中煤层气产量不甚理想。

3. 含水性

80%以上的煤层气以吸附状态存在于煤储层当中,当前煤层气的开发一般采用排水降压的方式诱导吸附态煤层气解吸并产出。煤层含水性特征尤其是煤层中自由水的含量是影响排水降压的重要因素。当煤储层自由水含量高时,排采过程中,储层压降传递速率较小,平面上形成的压降面积较大,此时地面大量排出水才能有效降低储层压力;同时,由于地层水对裂缝的支撑作用,能够有效抑制排采过程中有效应力增加引起导流裂缝的闭合,减轻煤粉对导流裂缝的伤害,这类煤层气井不易达到产气高峰,但易形成长期稳定的高产。当煤层含自由水较少时,排采过程中储层压降传递速率较大,平面上形成的压降面积偏小,同时,随着有效应力的不断增加,储层导流裂缝更容易闭合,煤粉起运对裂缝的堵塞风险较大,这类煤层气井容易达到产气高峰,但不易形成长期稳定的高产。

煤层气井开采中经常看到有些井产水量很大,投产几年仍为高产水井,这类产出水量远远超过了其井控范围内的理论含水量的煤层气井。这是由于煤储层内发育大裂隙系统,其中尺度较大的外生节理在空间上可以延伸数米至数十米,因此这些煤层气井储层内可能排出了其他井或顶底板围岩中的水,这样的高产水井的降压效果是区域性的,如潘庄区块 SH-030 井,高产水 9 年后开始高产气。所以,在进行含水性特征评价时,不仅要考虑单口煤层气井含水性特征还应考虑煤层气开发单元下的含水性特征。

因此,在煤层气排采进行前,应该对该地区水型水质、水流场、含水层、含水量、顶底板隔水性等进行研究,了解煤层气井或煤层气开发单元含水特征,判断储层含水性特征对煤层气排采的影响。煤层含水性特征是优选排采管柱结构与排采设备的重要依据之一。

4. 原始储层压力及临界解吸压力

煤储层压力是指作用于煤孔隙-裂隙空间上的流体压力(包括水压和气压),故又称为孔隙流体压力,相当于常规油气储层中的油层压力或气层压力。煤层气未开采前,煤层气藏处于原始平衡状态,此时的煤储层压力称为原始储层压力。原始储层压力一般随煤层埋深的增加而增高,是煤层内甲烷气解吸以及流体从裂隙流向井筒的能量。它对煤层气的成藏、富集以及排采运移有重要影响。

排采过程储层压力的整体变化较明显,排采初期,随着压裂液混合地层水不断运移至井筒,煤储层压力从井筒向四周逐渐扩展,并随着时间的变化而逐渐降低,只有当储层压力降低至临界解吸压力以下后,吸附态的煤层气才会产出,且随着地层流体源源不断的产出,储层压力持续降低,直至达到废弃压力。需要注意的是,排采过程中煤储层压力在空间和时间上都在发生变化。空间上,煤储层压力由井筒向周围传递,由主干裂缝向次级裂缝传递,由裂隙系统向煤岩基质内传递。时间上,无可非议储层压力是逐渐下降的,但在不同的排采阶段,储层压力的下降速率以及下降程度不同。平均储层压力仅反映了某一时刻或某一阶段压力的整体大小,而无法反映压力在空间上的分布情况。

原始储层压力一般在煤层气井生产前利用注入(压降)法试井测试获得。这种测试通常由一个数小时的生产和关井阶段组成,该过程中井底压力随着时间变化不断降落。随后测得井底压力与时间的函数关系,并根据压力曲线即可求得原始储层压力的大小。对于排采过程中的储层压力动态变化,由于储层压力是随着时间和空间都在变化,且无法动态测试,因此,一般只能通过计算间接获取。

由此可知,若想掌握排采过程中储层压力随着时间和空间的变化规律,一方面要了解储层压降在空间上的传递通道以及各排采阶段的特征,另一方面要通过搭建数学模型来通过其他已知参数间接获得储层压力的动态变化。

5. 煤的解吸、扩散特性

与常规油气储层相比,煤储层具有强烈的吸附特性,煤储层中 80% 以上的甲烷气是以吸附态存在于煤中。煤层气的解吸作用主要有降压解吸、升温解吸、置换解吸以及扩散解吸。当前对于煤层气的抽采而言,普遍采用降压解吸的办法,即通过降低储层压降至临界解吸压力以下,使吸附态的煤层气转变成为游离态。了解并改善煤的解吸、扩散特征对于提高煤层气藏采收率具有重要作用。

1) 煤层气的解吸速率

煤层气的解吸速率是指单位时间内煤层气的解吸量。煤层气解吸速率越大表明煤岩释放游离态甲烷气的速率越大。对于煤储层而言,煤层气解吸速率受控于煤岩成分、煤化程度、煤破碎程度及储层压力的释放等因素有关。因此,不同地区煤的解吸速率存在较大差异,而对于煤层气藏排采而言,煤层非均质性及排采过程中储层压力空间分布与释放的复杂性则会加剧煤层气解吸速率的差异。

2) 煤层气临界解吸压力

煤层气临界解吸压力系指煤层气解吸与吸附达到平衡时对应的压力,在等温吸附曲线上表现为煤样实测含气量所对应的压力。由煤层气临界解吸压力概念可知,临界解吸压力由煤的等温吸附实验得出,可由下式得出:

$$P_{cd} = \frac{V_i P_L}{V_L - V_i} \tag{9-4}$$

式中:P_{cd}为临界解吸压力(MPa)。

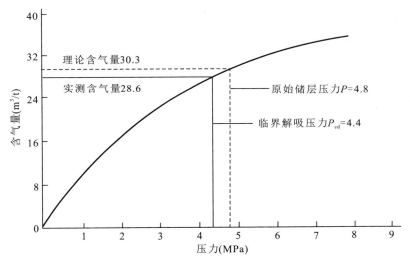

图 9-2 临界解吸压力实测图解

不同地区煤层气的解吸压力差异较大,尽管如此,在煤层气排采生产中,临界解吸压力仍然是产水单向流阶段调控煤层气井筒液位降的重要依据之一。当井底流压快降低至临界解吸压力附近时,需要降低井筒液位下降速率以尽可能降低储层渗透性伤害。

3) 煤层气扩散特征

当煤储层压力降低至临界解吸压力以后,煤基质表面开始解吸出游离气,此时储层压力的降低开始受煤层气解吸/吸附特征的影响。由于煤层气在煤基质孔隙间的运动主要为扩散流,影响气体扩散速率的因素包括气体扩散系数、气体浓度、基质形状因子等。扩散系数是扩散通量与导致扩散的浓度梯度的比例系数,该系数取决于扩散物质的种类、扩散介质的种类以及温度和压力。扩散系数可表征气体在煤基质中扩散的快慢,气体扩散系数越大,表明气体扩散性越好。

由于实际过程中,气体扩散系数以及基质形状因子测定相当困难,因此,通常使用吸附时间来近似表示解吸作用的快慢。吸附时间指的是样品所含气体(包括损失气、解吸气和残余气)被解吸出 63.2% 所需的时间。随着吸附气的不断解吸并运移至裂隙网络系统,储层压力会不断向裂隙网络包围的煤基质中传递。由此可知,煤解吸/吸附特性是影响煤基质孔隙间压降传递的重要因素。因此,在煤层气排采进入气水两相流阶段以后,煤层气藏解吸/吸附特性将对煤储层压力传递产生重要影响。根据前文所述,煤层气井产气产水两相流阶段持续的时间与吸附时间存在一定的正相关关系。需要说明的是,煤层气排采生产是一项涉及多方面的复杂工程,各排采阶段持续的时间受地质与人工等各种因素的综合影响,吸附时间对产气产水两相流阶段持续时间具有重要影响,但非绝对控制。

6. 含气饱和度

煤储层含气饱和度通常从吸附等温曲线上求得,即含气饱和度等于实测含气量与实测储层压力在吸附等温曲线上所对应的饱和含气量的比值。由 Langmuir 等温吸附曲线可知,煤层气藏含气饱和度反映了储层压力降低至临界解吸压力的难易程度,通常情况下含气饱和度越高,临储差(临界解吸压力与原始储层压力的差值)越大,表明煤储层压力越容易达到临界解吸压力;含气饱和度低,表明需要通过更长的时间排水才能降低至临界解吸压力。含气饱和度的大小在一定程度上反映了排水阶段的长短,因此,排采前含气饱和度值或者临储差可作为决策煤层气井产水阶段长短的重要考虑因素。

7. 理论采收率

根据 Langmuir 等温吸附方程,结合煤层初始含气量与枯竭压力,可获得煤储层理论采收率:

$$\eta = \left[1 - \frac{P_{ad}(P_L + P_{cd})}{P_{cd}(P_L + P_{ad})}\right] \tag{9-5}$$

式中:η 为煤层气采收率;P_{ad} 为枯竭压力(MPa)。

煤层气理论采收率越高表明煤层气排采井控范围之内可能采出的煤层气量越多。据美国的经验,煤层气藏枯竭压力可达 0.7MPa。而我国煤层气实际抽采过程中,受煤层气藏地质、压裂增产与排采工艺技术的影响,煤层气藏枯竭压力普遍偏高,因此,煤层气实际采收率往往难以达到理想的采收率。

(二)排采工程属性

1. 钻井液与固井水泥充填特征

煤层气井压裂前钻井液与固井水泥浆可能沿井筒附近裂隙系统进入煤储层当中,造成井筒附近裂隙的堵塞,严重降低储层渗透性,限制排采过程中地层水及煤层气的产出。研究钻井液及固井水泥浆在储层中的充填特征,评估钻完井对储层的伤害,也是评价与诊断煤层气井排采产气特征的依据之一。

2. 压裂裂缝展布形态及压裂砂充填特征

压裂的目的是在煤层中压出高导流能力的人工裂缝,增强煤储层渗透性。压裂效果的好坏直接影响到后续煤层气井产量的高低。压裂裂缝形态与规模,压裂支撑剂充填与分布特征,压裂液类型与滤失等都会对压裂效果产生重要影响。水力压裂曲线分析、地面微地震裂缝监测、测井、地面/井下倾斜仪像图等监测技术在一定程度上为评价一口井压裂效果提供了一些手段。另外,在有条件的地区,开展煤层气废弃井开挖井下观测是了解所在区域煤层气井压裂裂缝形态与规模以及支撑剂充填与分布特征、评价地面压裂改造效果最有效途径。

第三节 排采过程中各阶段控制要点

一、各阶段排采控制技术要点

煤层气生产进入排采阶段以后,地面排采人员主要通过改变井底流压来实现对煤储层压降传播的控制。因此,井底流压调控制度必须适应煤层气藏地质条件才能实现煤层气井的高产与稳产。

1. 产水单向流阶段

控制井底流压下降速率不大于 $0.1MPa/d$,接近临界解吸压力时井底流压下降速率不大于 $0.05MPa/d$。

利用储层压降动态变化数学模型,分别计算储层压力与临界解吸压力,并综合储层压力与临界解吸压力差异、储层渗透率、含水性、孔裂隙压缩特性等因素,确定产水单相流阶段时间以及井筒液位与井底压力下降方案。然而,由于煤层大裂隙系统导流能力较强,且压降传递方式以水传递为主,因此,该阶段储层压降速度极易过快,导致储层应力敏感性伤害。建议今后投产前对每个煤层气开发单元的井都要至少选一口代表井进行试井以及含气量(包括等温吸附)测试,以便为制定该阶段井筒压降控制方案提供基础参数。

排采水阶段的主要目的是扩大排水压降范围。由排采过程中储层通过利用产气量和井底流压计算气体解吸范围时,可得出同样的产气情况下,井底流压降低越小,越有利于气体解吸范围的扩展。

2. 产水产气两相流阶段

控制井底流压下降速率不大于 $0.03MPa/d$。

该阶段的主要目的是扩大气体解吸范围。在储层压降动态变化规律分析过程中,通过利用产气量和井底流压计算气体解吸范围,可得出同样的产气情况下,井底流压降低越小,越有利于气体解吸范围的扩展。因此,该阶段压降速率应缓慢下降,尽可能扩大排水压降范围。

初期生产压差不宜过大,产气量应该控制为先低后高,以便使储层压力先缓慢降低;尤其对于渗透率较低的井,过大的生产压差不仅无法充分释放储层压降,还极有可能伤害储层,因此,不宜急于追求产气高峰。

该阶段产气量增加速率应控制为先慢后快,以便使储层压力先缓慢降低,而后逐步增大生产压差,提高储层压降速率。

3. 稳产气阶段

稳定井底流压变化在 0.05MPa/d 之内,套压大于初级集输系统压力。

稳产气阶段的主要目的是增加储层压降幅度。可适当增大生产压差,提高压降速率,以便充分释放煤基质内压力,使吸附态的煤层气尽可能发生解吸。

4. 产气衰减阶段

产气衰减阶段的主要目的是减低储层衰竭压力。推荐阶梯式降液面至煤层以下,当套压不足以克服系统压力时,采用负压抽采技术,以便最大程度地降低储层压力,提高煤层气采收率。

上文关于排采各阶段压降速率的量化值为统计经验值,对于具体单口井压降速度的调控则应依据储层地质参数及压降模量化模型动态求解。

二、套压阈值在煤层气排采中的作用

排采中套压受到人为调整及煤层气产出量变化等因素的影响会随着时间的变化而发生变化,反之,套压的调控对煤层气井产量也会产生重要影响。对于井筒液柱高度较小的煤层气井,套压的影响则更大。所谓套压阈值系指在煤层气井排采过程中,对煤层气产量变化起关键控制作用的套压临界值。无论是高套压生产还是低套压生产,都存在对煤层气产量变化起关键作用的套压阈值,不同地质条件的煤层气生产区块内煤层气井套压阈值不同。

套压阈值在一定程度上反应了不同力学性质煤在排采过程中保持裂缝通道畅通,使煤层气稳定产出的最小流体压力。相比而言,越是坚固完整的煤体,排采过程中的应力敏感性越低,因此煤层气井的套压阈值会越低。反之,煤体结构较差的松软煤层,需要更高的流体压力和较小的生产压差才能保证煤层气在储层通道中持续而稳定地运移。

例如,山西西山古交矿区煤层气井稳定产气阶段,套压普遍集中出现在 0.25~0.4MPa 范围内,平均为 0.33MPa。如图 9-3 所示,该生产井套压升到最高值 1.15MPa 时开始下降,在下降过程中套压高于约 0.3MPa 的时间维持了 17 个月,且产气量整体较高,平均日产气量为 693m^3/d。此后,随着套压的下降,日产气量也逐步降低。山西沁水盆地南部郑村区块煤层气井套压阈值一般在 0.2MPa 左右。如图 9-4 所示,0.2MPa 是

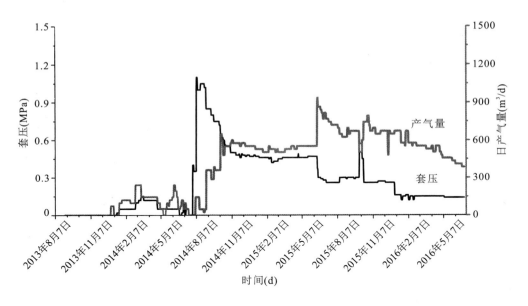

图9-3 西山地区典型井套压阈值

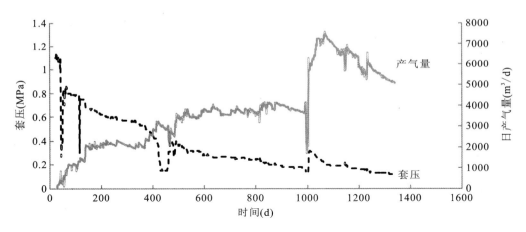

图9-4 沁南地区典型井套压阈值

该井套压的一个临界点,当套压下降至0.2MPa以下或上升至0.2MPa以上时,会改变产气井的产气趋势。套压下降或突降至0.2MPa以下时,日产气量趋势会从上升变为下降;套压上升或突升超过0.2MPa时,日产气量趋势会从下降变为上升。

相比沁水盆地南部煤储层,西山地区煤体较为破碎,煤体结构多为碎裂-碎粒煤,因此,西山地区煤层气井开发过程中的套压阈值更高。

第四节 煤层气合层排采特征及控制

通过对沁水盆地南部郑村区块已有一定数量的合排井的排采实践,做出若干相关图件,初步总结了该区块合层排采井的产气、产水、产粉、动液面、套压和井底流压的动态变化规律。

一、流体产出特征

1. 产气特征

郑村区块煤层气合层排采井在抽水泵从 3 号煤层附近下放到 15 号煤层附近之后的很短时间内,会发生产气量的提升,笔者根据此时煤层气的上升状况,将该地区的合层排采井的产气特征分为以下 3 类。

第一类,抽水泵首次加深到 15 号煤层后产气量突升,且突升后达到的产气高峰为历史最大产气量,之后产气量持续下降(图 9-5a)。该类井的产气量都不高,最大产气峰值大部分都低于 $2500m^3/d$,日平均产气量基本都低于 $1000m^3/d$。

第二类,抽水泵首次加深到 15 号煤层后也会发生产气量的上升,但此时可能出现的产气高峰并不是其历史最大产气量,还需经历一段时间的产气持续上升,才能到达其历史最大产气量(图 9-5b)。一般这类合排井的产气量都不会低,基本都可以保持在日平均产气量 $2000m^3$ 以上,甚至有不少井的日平均产气量可以达到 $3000m^3$ 以上。

第三类,特征不明显。这类井的情况特殊,一般是由各种操作或认识上的错误导致,井的数量少,产气量有高有低,因此将它们归为了一类。有的井是前期不产气或间歇性产气,到加深泵挂时,不产气的状况依旧没有改变。有的是加深泵挂太晚,产气量略微突升后,继续下降(图 9-5c)。还有的井是由于各种工程或操作问题,导致加深泵挂时停井,使得产气量在此时发生了突降。

2. 产水特征

根据对研究区的分析,可将合层排采井产水动态变化分为以下三类。

(1)"单峰"型。这类井一般只有一个产水峰(图 9-6a)。但是这类井的产水量都很高,产水峰值基本上可以达到 $50m^3/d$ 以上,甚至有少部分井能达到 $100m^3/d$ 以上,且到了产气的 1000d 以后,日产水量依旧能够达到 $3m^3/d$ 以上。这类井由于产水量高,对抽水泵移动的反应不大,不会在移泵时出现产水量上升的现象。

(2)"多峰"型。这类井一般具有两个以上的产水高峰(图 9-6b)。但这类井的产水量都不高,很少有产水峰值超过 $20m^3/d$ 的合排井,甚至有一部分合排井具有较长时间不排水的特征。在开发后期,产水量一般都低于 $1m^3/d$。这类井由于产水量不高,对抽水

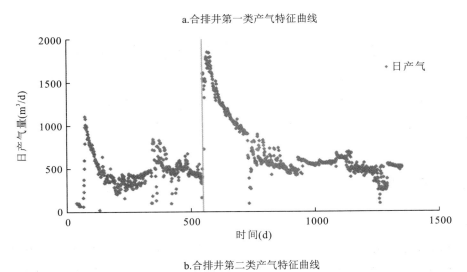

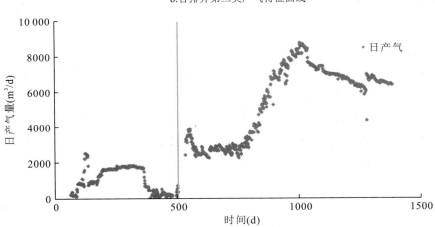

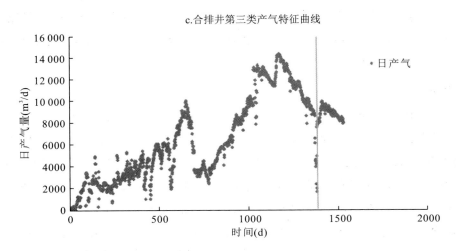

图 9-5 合排井产气动态变化图（竖线为加深泵挂到 15 号煤层的时间）

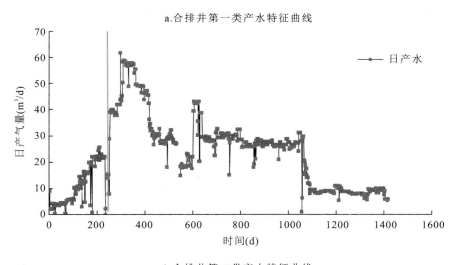
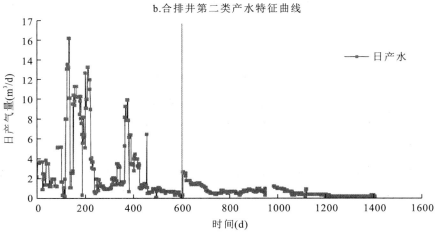
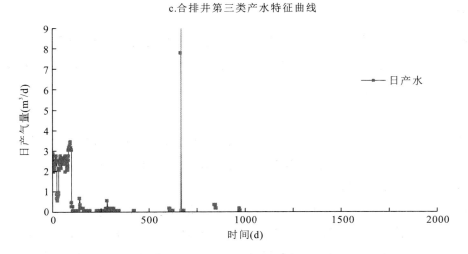

图 9-6 合排井产水动态变化图（竖线为加深泵挂到 15 号煤层的时间）

移动的敏感度较大,会在抽水泵移动时,形成明显的产水峰。

(3)"无峰"型。由于产水量太低,无法看出是否有产水峰(图9-6c)。该类型井产水量低,最大产水量低于$10m^3/d$。

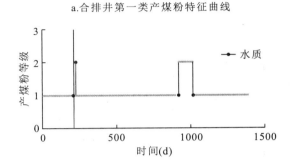
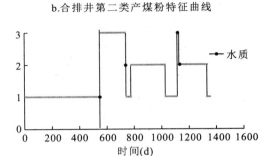

图9-7 合排井产煤粉动态变化图(竖线为加深泵挂到15号煤层的时间)

3. 煤粉产出

该地区合排井的煤粉产量总体上不高,但其表现的特征主要有以下两点(图9-7,其中煤粉等级是根据郑村区块煤层气井排出液的颜色划分为4个等级,即0级=清水,1级=水清含少量煤粉,2级=水浅灰含少量煤粉,3级=水深灰含大量煤粉)。

(1)泵挂加深到15号煤层时,容易有煤粉产出。

(2)煤粉产出基本出现在加深泵挂之后,且大多与停井解决一些工程性问题有关,可能原因是加深泵挂后,流体产出机理更加复杂,储层敏感性加强,一旦出现工程性问题就易使得煤层激动。

二、影响产气的主要工程控制因素

郑村区块的主要产气煤层为山西组的3号煤层和太原组的15号煤层,两煤层相距90~100m。在对该区块合层排采井的研究中发现,合排井能否高产与套压、3号煤层的井底流压以及3号煤层暴露率这3个因素有密切关系。

1. 套压

在对郑村区块煤层气合层排采井的研究中发现了两个有趣的现象:一是套压下降(从开始产气时的套压最高值下降到套压稳定不变)越快的井,其产气量越低;另外,当套压超过0.2MPa左右时,会改变合排井的产气趋势。

(1)套压下降。根据开发初期的套压最大值到套压稳定不变这段时间内的套压压降速率,做出套压压降速率和日平均产气量的关系图(图9-8)。根据图9-8看出,套压压降速率大于0.0012MPa/d时,随着压降速率的增大,日平均产气量越来越小;而当套压压降速率小于0.001MPa/d时,随着压降速率的降低,日平均产气量越来越小。因此,郑村区块合排井的套压压降速率最佳控制范围是 0.001～0.001 2MPa/d,这并不是说需要套压每天都控制在 0.001～0.001 2MPa 的速度范围,而是一个长期时间内的平均每天控制范围。

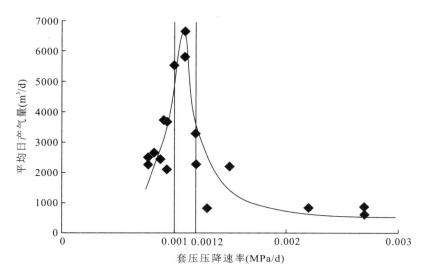

图 9-8　各井套压压降速率和日平均产气量的关系图
(第一条竖线表示为 0.001MPa/d;第二条竖线表示为 0.001 2MPa/d)

(2)套压阈值。前文已述,不同煤储层地质条件,煤层气井排采套压阈值不同。当储层能量充足时,控制套压在套压阈值以上,有助于维持储层流体产出通道的畅通,促进储层压降传递及煤层气的运移。

2. 井底流压

井底流压可近似看作由煤层顶以上的液柱压力和套压组成。

煤层气合层排采井在对上部煤层排水降压一段时间后,为了使下部煤层排水产气,势必要将泵挂下到下部煤层,对下部煤层进行排水降压工作。在研究区块中,为了使 15 号煤层有更多的煤层气可以产出,井筒液面会出现大幅度下降,使得 15 号煤层的井底流压降低,从而增大 15 号煤层的产气压差。但在井筒液面下降的过程中,3 号煤层会出现暴露出井筒液面的现象,此时支撑 3 号煤层的井底流压完全由套压所替代。根据前文,套压到达 0.2MPa 时,产气趋势会发生变化。所以在 3 号煤层被暴露的状况下,应该将套压控制 0.2MPa 以上,这样就可以降低 3 号煤层产气所受到的影响,同时 15 号煤层也有较低的井底流压用来产气。

3. 暴露率

本书中将暴露率定义为:在投产的某一段时间内,煤层出现暴露的天数占该段时间的百分比。

在合排井中,为了降低下部煤层的井底流压,常出现上部煤层暴露的状况。有的学者认为上部煤层暴露会使得煤储层发生严重的应力敏感,导致裂缝发生严重闭合,且还会抑制煤层压降漏斗的扩张;也有学者认为上部煤层暴露后,套压若发生持续回升会导致煤储层发生贾敏效应。但是在对郑村区块合排井的研究中却发现上部煤层暴露,并不一定会使得合排井的产气量降低。根据郑村区块3号煤层暴露率和日平均产气量的关系图(图9-9),当3号煤层暴露率小于50%时,合排井的日平均产气量随着3号煤层暴露率的增大而增大;在3号煤层暴露率大于50%时,合排井的日平均产气量与3号煤层暴露率不再具有明显趋势,有的合排井3号煤层暴露率大,日平均产气量大,有的合排井3号煤层暴露率大,日平均产气量小。

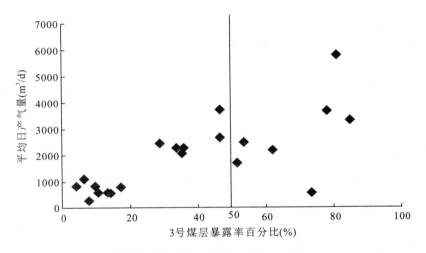

图9-9 合排井的平均日产气量与3号煤层暴露率关系散点图

而统计套压保持在0.2MPa以上时间里的3号煤层暴露状况时,发现套压在0.2MPa以上时,3号煤层的暴露率越高,合排井的平均日产气量也越高(图9-10)。这也说明当3号煤层暴露时,将套压控制在0.2MPa以上,能够使3号煤层的产气不受到影响,同时可能还有助于合排井产气。

三、合层排采井泵挂深度调整与井筒压降优化措施

通过对沁水盆地南部煤层气合层排采井流体产出特征及其控制因素的研究,结合气井临界解吸压力、套压阈值、煤层压降释放等相关关键参数,初步提出泵挂四步调整法来控制煤层气合层排采井井筒压降。

第一步。排采初期,为了避免3#煤层过早暴露且井口未达到临界解吸压力,下抽油泵至煤层以上5～15m,泵吸入口位于煤层以下。

第二步。排采两相流及稳产气阶段,当套压能够稳定于套压阈值以上时,加深泵挂至3#煤层以下5～15m。

第三步。当上层主力煤层频繁暴露且套压降至套压阈值以下时,加深泵挂至15#煤

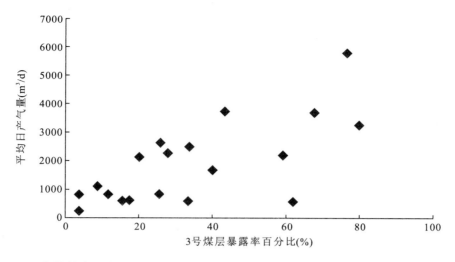

图 9-10　合排井套压在 0.2MPa 以上时的平均日产气量与 3 号煤层暴露率关系散点图

层以上 5~15m，泵吸入口位于煤层以下，避免 15# 煤层过早暴露且井口达不到套压阈值。

第四步。当压力降低至临界解吸压力以下且套压能够稳定于 15# 煤层套压阈值以上时，加深泵挂至 15# 煤层以下 5~15m。

主要参考文献

白建梅,孙玉英,李薇,等.高煤阶煤层气井煤粉产出对渗透率影响研究[J].中国煤层气,2011,8(6):18-21.
白建梅.樊庄煤层系分支水平井开采技术跟踪研究[D].北京:中国石油大学(北京),2009.
白利军,张大陆,张金薇.煤层气井智能排采技术应用研究[J].中国煤层气,2014,11(5):28-30.
曹代勇,姚征,李小明,等.单相流驱替物理模拟实验的煤粉产出规律研究[J].煤炭学报,2013,38(4):624-627.
曹立虎,张遂安,石惠宁,等.沁水盆地煤层气水平井井筒煤粉迁移及控制[J].石油钻采工艺,2012,34(4):93-95.
曹立虎,张遂安,张亚丽,等.煤层气水平井煤粉产出及运移特征[J].煤田地质与勘探,2014,42(3):31-35.
岑学齐,吴晓东,梁伟,等.煤层气井产能影响因素分析[J].科学技术与工程,2014,14(4):201-204,216.
陈朝松.煤层气开采工艺及设备优选研究[J].中国石油石化,2016(23):32-33.
陈军,胡志刚,杨青志,等.煤层气"U"形井煤粉产出机理及影响因素研究[J].中外能源,2015,20(7):50-54.
陈召英,王保玉,郝海金,等.寺河区块煤层气井排采特征及抽采效果分析[J].煤炭科学技术,2017,45(7):100-105.
陈振宏,王一兵,孙平.煤粉产出对高煤阶煤层气井产能的影响及其控制[J].煤炭学报,2009,34(2):229-232.
程乔,胡宝林,徐宏杰,等.沁水盆地南部煤层气井排采伤害判别模式[J].煤炭学报,2014,39(9):1879-1885.
杜鹏.煤层气开发井间干扰特征研究[D].青岛:中国石油大学(华东),2013.
段艳宁,韩保山,乔康,等.四川古叙矿区煤层气排采设备优化研究[J].中国煤炭地质,2017,29(2):57-61.
樊明珠,王树华.煤层气勘探开发中的割理研究[J].煤田地质与勘探,1997,25(1):29-32.
冯青,刘子雄,魏志鹏,等.煤层气静态与流动物质平衡法研究及应用[J].石油钻采工艺,2017,39(3):275-281.
付倩倩,王旱祥.煤层气排采用螺杆泵系统的适应性研究[J].中国煤层气,2013,10(5):40-43,39.

傅雪海,李升,于景邨,等.煤层气井排采过程中煤储层水系统的动态监测[J].煤炭学报,2014,39(1):26-31.

高秋红.煤层气开采流入动态特性研究[D].北京:中国石油大学(北京),2010.

郭炳智.煤层气井生产特征及产气量影响因素分析[J].石化技术,2017,24(1):58,91.

郭大立,贡玉军,李曙光,等.煤层气排采工艺技术研究和展望[J].西南石油大学学报(自然科学版),2012,34(2):91-98.

郭晖,陈慧,陈龙.柳林地区煤层气排采控制因素及改进措施[J].中国煤层气,2012,9(6):8-11,31.

郭晖.煤层气有杆泵-速度管连续排采系统工艺分析[J].煤炭科学技术,2017,45(9):59-64.

郭盛强.成庄区块煤层气井产气特征及控制因素研究[J].煤炭科学技术,2013,41(12):100-104.

韩贤军,杨焦生.沁水盆地南部煤层气产能特征及影响因素分析[J].科学技术与工程,2013,13(33):9940-9945.

胡海洋.不同储层类型煤层气直井排采控制研究[D].焦作:河南理工大学,2015.

胡秋嘉,李梦溪,王立龙,等.樊庄区块煤层气直井产气曲线特征分析[J].中国煤层气,2012,9(6):3-7.

胡彦林,张遂安,高志华,等.基于模糊数学方法优化煤层气井底流压下降制度[J].煤炭科学技术,2015,43(3):64-67,72.

黄华州,桑树勋,苗耀,等.煤层气井合层排采控制方法[J].煤炭学报,2014,39(S2):422-431.

黄少华,孙同英,冀昆,等.柿庄南区块煤层气井早期生产特征及开采建议[J].中国煤炭地质,2013,25(7):13-17.

贾宗文,刘书杰,耿亚楠,等.柿庄区块钻完井工程对煤层气井产能的影响研究[J].煤炭科学技术,2017,45(12):182-188.

姜虹.煤层气排采过程中煤粉控制策略探讨[J].中国石油和化工标准与质量,2017,37(2):61-62.

姜杉钰,康永尚,张守仁,等.沁水盆地柿庄区块煤层气井排采动态影响因素分析及开发对策研究[J].天然气地球科学,2016,27(6):1134-1142.

焦中华,倪小明,贾炳.CO_2增能压裂在煤层气垂直井中的应用[J].煤炭工程,2011(2):48-50.

康永尚,王金,姜杉钰,等.煤层气井排采动态主控地质因素分析[J].地质论评,2016,62(6):1511-1520.

康园园,邵先杰,王彩凤.高-中煤阶煤层气井生产特征及影响因素分析——以樊庄、韩城矿区为例[J].石油勘探与开发,2012,39(6):728-732.

黎水泉,徐秉业.非线性双重孔隙介质渗流[J].岩石力学与工程学报,2000,19(4):417.

李彬刚.煤层气井合层排采过程中储层伤害问题研究[J].中国煤炭地质,2017,29(7):33-35,79.

李国彪,李国富.煤层气井单层与合层排采异同点及主控因素[J].煤炭学报,2012,37(8):1354-1358.

李进,綦耀光.煤层气排采设备常见故障的诊断方法[J].中国设备工程,2011(5):50-51.

李炯,乌效鸣,李瑞,等.煤层气井流体原位实时监测仪[J].煤田地质与勘探,2015,43(3):99-101.

李克智,何青,张数新.地面控制监测系统在煤层气井注入/压降测试中的应用[J].油气井测试,2001(3):64-65,78.

李林.樊庄区块煤层气井产气特征及控制因素[J].中国煤炭地质,2016,28(8):26-29.

李梦溪,王立龙,崔新瑞,等.沁水煤层气田樊庄区块直井产出特征及排采控制方法[J].中国煤层气,2011,8(1):11-13.

李瑞,王生维,陈立超,等.煤层气排采中煤粉产出量动态变化及影响因素[J].煤炭科学技术,2014,42(6):122-125.

李瑞,王生维,吕帅锋,等.煤层气排采过程中储层压降动态变化影响因素[J].煤炭科学技术,2017,45(7):93-99.

李瑞,乌效鸣,李炯,等.煤层气井两相流多参数探测技术[J].煤炭学报,2014,39(9):1862-1867.

李瑞.煤层气排采中储层压降传递特征及其对煤层气产出的影响[D].武汉:中国地质大学(武汉),2017.

李思思.煤层气井产能影响要素分析[J].能源与节能,2016(6):10-12.

李塔,焦文川,杨潇腾.煤层气井长冲程、大泵径排采设备的研究及应用[J].当代化工研究,2016(8):38-39.

李晓军,齐宁,张开峰,等.小直径电潜泵排水采气技术的研究与应用[J].油气地质与采收率,2008(6):98-101,117-118.

李月云,江林华,张大伟,等.阜康矿区煤的孔隙与裂隙特征[J].煤田地质与勘探,2017,45(2):80-84.

李拯宇,崔兆帮,刘刚.沁水盆地南部煤层气丛式井产能主控因素分析[J].煤炭技术,2017,36(4):133-135.

刘春花,刘新福,綦耀光,等.煤层气井有杆排采系统动力驱动设备选型方法[J].现代制造技术与装备,2011(2):28-30,34.

刘春花,刘新福,綦耀光.煤层气井有杆排采泵筒煤粉流动特征[J].煤田地质与勘探,2016,44(6):64-68.

刘春花,刘新福,周超,等.煤层气井有杆泵排水采气设备示功图[J].煤田地质与勘探,2014,42(5):38-43.

刘国伟,李梦溪,刘忠,等.煤层气多分支水平井排采控制技术研究[J].中国煤层气,2014,11(1):12-15.

刘海龙,吴淑红.煤层气井压裂效果评价及压裂施工工程因素分析[J].非常规油气,2014,1(3):64-71.

刘海龙,吴淑红.气井产量递减类型及气藏地质工程因素分析——以柿庄南矿区煤层气井为例[J].河南科学,2015,33(10):1812-1817.

刘海龙.柿庄南煤层气井压裂效果评价及影响因素分析[J].北京石油化工学院学报,2014,22(1):20-26.

刘佳.煤层气产能影响因素分析及常用的预测技术[J].国外测井技术,2015(2):3,15-18,26.

刘强,胡俊仁,何俊宏.石宝矿段煤层气井产能影响地质因素分析与开发技术建议[J].中国煤层气,2015,12(3):30-33.

刘青松,范周川,徐小刚.煤层气井抽油机调平衡节电技术的研究与应用[J].中国石油和化工标准与质量,2017,37(1):96-97.

刘升贵,胡爱梅,宋波,等.煤层气井排采煤粉浓度预警及防控措施[J].煤炭学报,2012,37(1):86-89.

刘世奇,赵贤正,桑树勋,等.煤层气井排采液面-套压协同管控——以沁水盆地樊庄区块为例[J].石油学报,2015,36(S1):97-108.

刘新福,刘春花,綦耀光.煤层气井排采系统有杆泵运行特性分析[J].机械工程学报,2017,53(8):195-200.

刘新福,綦耀光,胡爱梅,等.煤层气井气水两相流入动态关系研究[J].中国矿业大学学报,2011,40(4):561-565,591.

刘新福,綦耀光,胡爱梅,等.煤层气井有杆泵排采设备悬点载荷变化规律[J].机械工程学报,2011,47(15):127-134.

刘新福,綦耀光,李延祥,等.煤层气井有杆泵排采设备设计计算方法[J].煤炭学报,2010,35(10):1685-1691.

刘新福,綦耀光,吴建军,等.煤层气井有杆泵设备泵阀运动规律和开启条件[J].煤炭学报,2012,37(5):810-814.

刘新福,吴建军,綦耀光,等.煤层气井气体对有杆泵排采的影响[J].中国石油大学学报(自然科学版),2011,35(4):144-149.

刘新福.煤层气井有杆排采井筒煤粉运移规律和防煤粉关键技术研究[D].青岛:中国石油大学(华东),2012.

刘云亮,张培河.柳林地区煤层气开采动态及单井产量主控因素分析[J].煤田地质与勘探,2016,44(2):34-38.

刘忠华,汤婧,吕晶.我国煤层气开发现状和开发技术的难点分析[J].内江科技,2011,32(12):22,57.

龙万利,王欣,田江.煤层气井排采管理的把握与效果[J].化工管理,2016(25):216-217.

卢凌云,张遂安,郭文朋,等.煤层气直井低产原因与高产因素诊断分析[J].非常规油气,2017,4(5):71-75.

卢平,沈兆武,朱贵旺,等.含瓦斯煤的有效应力与力学变形破坏特性[J].中国科学技术大学学报,2001,31(6):686-693.

吕玉民,汤达祯,许浩,等.沁南盆地樊庄煤层气田早期生产特征及主控因素[J].煤炭学报,2012,37(S2):401-406.

栾振辉,蒋伟.单相煤层气井底瞬时压力[J].安徽理工大学学报(自然科学版),2006(2):30-32.

马波,罗薇.煤层气排采产气效果影响因素分析——以延川南工区谭坪构造带排采井为例[J].中国煤层气,2015,12(2):22,37-40.

马平华,霍梦颖,何俊,等.煤层气井压裂影响因素分析与技术优化——以鄂尔多斯盆地东南缘韩城矿区为例[J].天然气地球科学,2017,28(2):296-304.

毛慧,韩国庆,吴晓东,等.确定煤层气井合理生产压差的新思路[J].天然气工业,2011,31(3):52-55,111.

梅思杰.潜油电泵技术[M].北京:石油工业出版社,2004.

梅永贵,郭简,苏雷,等.无杆泵排采技术在沁水煤层气田的应用[J].煤炭科学技术,2016,44(5):64-67.

孟雅.高煤阶段中气体扩散渗流机制及煤层气井产流评价研究[D].北京:中国地质大学(武汉),2018.

孟艳军,汤达祯,李治平,等.高煤阶煤层气井不同排采阶段渗透率动态变化特征与控制机理[J].油气地质与采收率,2015,22(2):66-71.

莫日和,张芬娜,綦耀光,等.煤层气井有杆泵内煤粉沉积的影响因素分析[J].西南石油大学学报(自然科学版),2016,38(5):143-150.

穆福元,贾承造,穆涵宜.中国煤层气开发技术的现状与未来[J].中国煤层气,2014,11(4):3-5.

倪小明,苏现波,李广生.樊庄地区3#和15#煤层合层排采的可行性研究[J].天然气地球科学,2010,21(1):144-149.

牛文杰,刘新福,綦耀光,等.煤层气井有杆排采系统悬点动载荷计算[J].煤田地质与勘探,2011,39(1):24-27.

欧成华,梁成钢,蒋建立,等.考虑吸附、变形的煤层气分阶段流动模型[J].天然气工业,2011,31(3):48-51,110-111.

潘昊.延川南煤层气污水回收利用工艺技术探讨[J].能源与节能,2014(6):98-99,104.

彭兴平,谢先平,刘晓,等.贵州织金区块多煤层合采煤层气排采制度研究[J].煤炭科学技术,2016,44(2):39-44.

乔康.高家堡井田煤层气井产水分析及设备选型[J].中国煤炭地质,2016,28(1):48-52.

秦学成,段永刚,谢学恒,等.煤层气井产气量控制因素分析[J].西南石油大学学报(自然科学版),2012,34(2):99-104.

秦义,李仰民,白建梅,等.沁水盆地南部高煤阶煤层气井排采工艺研究与实践[J].天然气工业,2011,31(11):22-25,119-120.

任宜伟,楼宣庆,段宝江,等.工程参数对L区煤层气直井产量影响的定量研究[J].石油钻采工艺,2016,38(4):487-493.

师世刚.潜油电泵采油技术[M].北京:石油工业出版社,1993.

史进,吴晓东,李伟超.中国煤层气增产技术[J].内蒙古石油化学,2009(21):89-91.

史进,吴晓东,毛慧,等.煤层气井有杆泵优化设计方法研究[J].科学技术与工程,2011,11(35):

8716-8718,8722.

史树彬,尹相文,靳彦欣,等.模糊评判法优选煤层气井排采方式[J].天然气勘探与开发,2013,36(3):2,70-72,80.

宋文容,檀朝东.煤层气井智能排采控制系统的研制与应用[A].西安石油大学、中国石油大学(北京)、陕西省石油学会.2014油气藏监测与管理国际会议(2014ICRSM)论文集[C].西安石油大学、中国石油大学(北京)、陕西省石油学会,2014:7.

速宝玉,詹美礼,赵坚.仿天然岩体裂隙渗流的实验研究[J].岩土工程学报,1995,17(5):19-24.

孙启虎.煤层气井系统智能排采功能的设计与实现[J].信息系统工程,2017(11):46.

孙仁远,宣英龙,任晓霞,等.煤层气井井底流压计算方法[J].石油钻采工艺,2012,34(4):100-103.

陶树,汤达祯,许浩,等.沁南煤层气井产能影响因素分析及开发建议[J].煤炭学报,2011,36(2):194-198.

陶树.沁南煤储层渗透率动态变化效应及气井产能响应[D].北京:中国地质大学(北京),2011.

陶扬.煤层气钻采井中流体原位实时监测技术研究[D].武汉:中国地质大学(武汉),2012.

田庆玲.阳泉区块寺家庄井田分压合层排采适应性探讨[J].山西焦煤科技,2016,40(1):46-48,53.

王彩凤,邵先杰,孙玉波,等.中高煤阶煤层气井产量递减类型及控制因素——以晋城和韩城矿区为例[J].煤田地质与勘探,2013,41(3):23-28.

王超文,彭小龙,贾春生,等.枣园区块煤层气井产能影响因素分析[J].油气藏评价与开发,2016,6(3):67-70,77.

王国强,席明扬,吴建光,等.潘河地区煤层气井典型生产特征及分析[J].天然气工业,2007(7):83-85,140.

王旱祥,兰文剑,刘延鑫,等.煤层气井电潜泵排采系统优化设计[J].煤炭工程,2014,46(1):27-30.

王恒斌.智能无杆排采管控系统分析与研究[J].信息系统工程,2017(10):28.

王怀勐,朱炎铭,李伍,等.煤层气赋存的两大地质控制因素[J].煤炭学报,2011,36(7):1129-1134.

王冀川,窦武,李洪涛,等.煤层气水平井智能排采控制技术研究与应用[J].中国煤层气,2017,14(5):23-27.

王乔,吴财芳,李腾.煤层气井间干扰主控因素数值模拟[J].煤矿安全,2014,45(6):1-4.

王庆伟.沁南潘庄区块煤粉产出机理与控制因素研究[D].北京:中国矿业大学(北京),2013.

王善博,唐书恒,张超,等.柿庄南区块太原组煤层气井产出水动态监测分析[J].煤炭技术,2016,35(4):92-95.

王少雷,林晓英,苏现波,等.空气动力洗井技术在煤层气井中的应用与评价[J].煤田地质与勘探,2016,44(2):134-140.

王生维,陈钟惠,张明.煤基岩块孔裂隙特性及其在煤层气产出中的意义[J].地球科学:中国地质大学学报,1995,20(5):557-561.

王生维,侯光久,张明,等.晋城成庄矿煤层大裂隙系统研究[J].科学通报,2005,50(B10):38-44.

王生维,张明.煤储层裂隙形成机理及其研究意义[J].地球科学:中国地质大学学报,1996,21(6):

637-640.

王维旭,王希友,蒋佩,等.蜀南地区煤层气智能精细化排导技术及管控模式[J].天然气勘探与开发,2017,40(1):83-87.

王兴隆,赵益忠,吴桐.沁南高煤阶煤层气井排采机理与生产特征[J].煤田地质与勘探,2009,37(5):19-22,27.

王振云,唐书恒,孙鹏杰,等.沁水盆地寿阳区块 3 号和 9 号煤层合层排采的可行性研究[J].中国煤炭地质,2013,25(11):21-26.

魏迎春,曹代勇,袁远,等.韩城区块煤层气井产出煤粉特征及主控因素[J].煤炭学报,2013,38(8):1424-1429.

魏迎春,张傲翔,姚征,等.韩城区块煤层气排采中煤粉产出规律研究[J].煤炭科学技术,2014,42(2):85-89.

吴川.煤层气合层排采井下工况参数实时探测技术研究[D].武汉:中国地质大学(武汉),2016.

吴建军,王玉斌,綦耀光,等.煤层气井有杆泵排采临界沉没度的确定[J].石油机械,2014,42(1):97-102.

吴信波,王谦,张俊.彬长矿区煤层气井水力压裂效果影响因素分析[J].非常规油气,2017,4(6):100-104.

肖富强,邹勇军,桑树勋,等.煤层气井排水采气理论与技术研究[J].江西煤炭科技,2014(4):133-136.

肖宇航.煤层气井排采过程中煤储层气相产出的动态监测[A].西安石油大学、西南石油大学、陕西省石油学会.2017 油气田勘探与开发国际会议(IFEDC 2017)论文集[C].西安石油大学、西南石油大学、陕西省石油学会:西安华线网络信息服务有限公司,2017:7.

徐春成,綦耀光,孟尚志,等.煤层气排采技术评价与设备优选[J].石油矿场机械,2012,41(10):59-64.

徐东锋.大斜度井中潜油电泵排水采气应用技术[J].中国设备工程,2016(16):127-129.

徐敬.燃气机驱动煤层气排采机无级调速系统设计[D].青岛:中国石油大学(华东),2012.

徐涛,苏现波,倪小明.沁南地区潘庄区块煤层气井产能主控因素研究[J].河南理工大学学报(自然科学版),2013,32(1):25-29.

许光祥.岩石粗糙裂隙宽配曲线和糙配曲线[J].岩石力学与工程学报,1999,18(6):641.

许小凯.煤层气直井排采中煤储层应力敏感性及其压降传播规律[D].北京:中国矿业大学(北京),2016.

许耀波.顾桥井田煤层气井多煤层合采产量影响因素分析[J].煤田地质与勘探,2015,43(6):32-35.

薛海飞,高海滨,刘惠洲,等.煤层气压裂缝高控制对排采影响的研究[J].中国煤层气,2014,11(5):16-19,46.

薛婷,王选茹,郑光辉,等.L1 区水平井开发效果影响因素分析[J].石油钻采工艺,2016,38(2):

221-225.

杨焦生,王一兵,王宪花.煤层气井井底流压分析及计算[J].天然气工业,2010,30(2):66-68,141-142.

杨松,许祖伟,池圣平,等.延川南区块煤层气井生产特征及其小构造控制[J].煤炭科学技术,2015,43(11):77,135-138.

杨天鸿,谭国焕,唐春安,等.非均匀性对岩石水压致裂过程的影响[J].岩土工程学报,2002,24(6):724-728.

杨新东,张天利,李惟慷.超短半径径向水平井抽采煤层气渗流规律的数值模拟[J].防灾减灾工程学报,2011(1):50-55,62.

杨秀春.煤层气排采过程中产能与物性变化动态耦合研究[D].中国矿业大学(北京),2012.

叶建平,张健,王赞惟.沁南潘河煤层气田生产特征及其控制因素[J].天然气工业,2011,31(5):28-30,114-115.

尹科.煤层气抽油机载荷扭矩分析[J].中国石油和化工标准与质量,2017,37(11):113-114.

雍晓艰,周梓欣.阜康白杨河矿区合层排采影响因素分析[J].煤炭与化工,2017,40(10):1-5.

雍晓艰.新疆阜康白杨河矿区煤层气排采影响因素与煤层气单井产量的预测[J].中国煤炭地质,2017,29(6):45-47.

袁文峰.沁水盆地南部煤层气排采预警参数研究[D].中国矿业大学(北京),2014.

曾雯婷,陈树宏,徐凤银.韩城区块煤层气排采控制因素及改进措施[J].中国石油勘探,2012,17(2):79-84,90.

詹敏.煤层气排采出煤粉预测研究[D].青岛:中国石油大学(华东),2014.

张兵,葛岩,谢英刚,等.柳林区块煤层气井生产动态及其影响因素分析[J].煤炭科学技术,2015,43(2):131-135,139.

张聪,李梦溪,王立龙,等.沁水盆地南部樊庄区块煤层气井增产措施与实践[J].天然气工业,2011,(11):26-29,120.

张芬娜,綦耀光,刘冰,等.井筒内煤粉对单相流煤层气井井底流压的影响[J].中国煤炭,2012,38(4):90-94.

张芬娜,綦耀光,徐春成,等.煤粉对煤层气井产气通道的影响分析[J].中国矿业大学学报,2013,42(3):428-435.

张芬娜,赵海晖,綦耀光,等."煤层气井排采装备与工艺"实验教学平台研究[J].科教导刊(中旬刊),2017(10):107-109,161.

张宏录,王蓉,王海燕,等.延川南煤层气排采井防煤粉工艺技术研究[J].油气藏评价与开发,2017,7(4):73-76,82.

张宏录.延川南区块煤层气排采工艺技术现状及建议[J].中国煤层气,2012,9(2):25-28.

张慧,王晓刚,员争荣,等.煤中显微裂隙的成因类型及其研究意义[J].岩石矿物学杂志,2002(3):278-284.

张继东,盛江庆,刘文旗,等.煤层气井生产特征及影响因素[J].天然气工业,2004(12):38-40,185.

张建国,苗耀,李梦溪,等.沁水盆地煤层气水平井产能影响因素分析——以樊庄区块水平井开发示范工程为例[J].中国石油勘探,2010,15(2):49-54,85.

张磊,吴金桥,常甜甜,等.压裂煤层气井生产动态模拟及产出特征分析[J].内蒙古石油化工,2016,42(10):60-63.

张双斌.基于"三场"耦合的煤层气井排采控制理论与应用[D].河南理工大学(焦作),2014.

张素新,肖红艳.煤储层中微孔隙和微裂隙的扫描电镜研究[C].第十一次全国电子显微学会议论文集.2000:531-532.

张遂安,杜彩霞,刘程.规模开发条件下煤层气相态变化规律与开发方式[J].煤炭科学技术,2015,43(2):119-122.

张遂安.煤层气开发技术发展趋势[J].石油机械,2011,(S1):106-108.

张小东,赵家攀,张硕.屯留井田煤层气井排采主控因素研究[J].煤炭科学技术,2014,42(6):71-75.

张晓敏.沁水盆地南部煤层气产出水化学特征及动力场分析[D].河南理工大学,2012.

张晓阳,吴财芳,刘强.基于排采速率的煤层气井排采制度研究[J].煤炭科学技术,2015,43(6):131-135.

张亚飞,张翔,王小东,等.柿庄南区块煤层气井产能影响因索分析[J].中国煤层气,2016,13(4):22-25.

张莹.影响煤层气钻井工程的工程地质因素分析[J].化工管理,2017(18):245.

张永平,孟召平,刘贺,等.煤层气井排采初期井底流压动态模型及应用分析[J].煤田地质与勘探,2016,44(2):29-33.

张政,秦勇,傅雪海.沁南煤层气合层排采有利开发地质条件[J].中国矿业大学学报,2014,43(6):1019-1024.

赵斌,王芝银,温声明,等.正交各向异性储层煤层气井合理井底压力研究[J].煤炭学报,2013,38(S2):353-358.

赵俊芳,王生维,秦义,等.煤层气井煤粉特征及成因研究[J].天然气地球科学,2013,24(6):1316-1320.

赵骞,陈磊,温卫东.无杆管式泵在郑试1平~5水平井组的应用[J].化工管理,2016(17):102-103.

赵贤正,杨延辉,孙粉锦,等.沁水盆地南部高阶煤层气成藏规律与勘探开发技术[J].石油勘探与开发,2016,43(2):303-309.

赵欣,姜波,张尚锟,等.鄂尔多斯盆地东缘三区块煤层气井产能主控因素及开发策略[J].石油学报,2017,38(11):1310-1319.

赵欣.煤层气产能主控因素及开发动态特征研究[D].北京:中国矿业大学(北京),2017.

郑春峰,李昂,程心平,等.煤层气有杆泵井排采煤粉产出规律表征与分析[J].科学技术与工程,

2015,15(28):10-13,38.

周俊杰,杜晓华.煤层气排采工艺技术研究及主要参数分析[J].工程技术研究,2017(6):235-236.

周琦忠.沁南樊庄区块煤层气井产气压力特征及其对产能的影响[D].北京:中国矿业大学(北京),2016.

周颖娴,韩国庆.煤层气排采设备优选技术[J].科学技术与工程,2014,14(14):194-197.

朱宝存,唐书恒,颜志丰,等.地应力与天然裂缝对煤储层破裂压力的影响[J].煤炭学报,2009(9):1199-1202.

朱华东,迟永杰,罗勤,等.浅谈煤层气气质分析测试技术[J].石油与天然气化工,2014,43(5):547-552.

朱学申,吕玉民,郭广山,等.基于煤体结构的煤层气井煤粉产出规律研究[J].中国煤层气,2016,13(5):35-38.

邹宇清,赵凤坤,黄勇,等.煤层气井排采自动化监测与控制关键仪器设计[J].煤田地质与勘探,2015,43(6):49-53.

邹雨时,张士诚,张劲,等.煤粉对裂缝导流能力的伤害机理[J].煤炭学报,2012,37(11):1890-1893.

Aadnoy B S. In-situ stress directions from borehole fracture traces[J]. Journal of Petroleum Science and Engineering,1990,4(2):143-153.

Alexeev A D, Ulyanova E V, Kalugina N A, et al. Phase transitions in the coal-water-methane system[J]. Condensed Matter Physics,2006,9(1):109-114.

Aydin G, Karakurt I, Aydiner K. Analysis and mitigation opportunities of methane emissions from energy sector [J]. Energ Sourc,2012,34(11):967-982.

Bogatkov D, Babadagli T. Fracture network modeling conditioned to pressure transient and tracer test dynamic data [J]. J. Pet. Sci. Eng. ,2010,75:154-167.

Cai Y, Liu D, Mathews J P, et al. Permeability evolution in fractured coal—combining triaxial confinement with X-ray computed tomography, acoustic emission and ultrasonic techniques[J]. International Journal of Coal Geology,2014,122:91-104.

Clarkson C R, Bustin R M. Coalbed methane: current field-based evaluation methods [J]. SPE Res. Eval. Eng. ,2011,14(1):60-75.

Clarkson C R, Jordan C L, Gierhart R R, et al. Production data analysis of coalbed-methane wells [J]. SPE Res. Eval. Eng. ,2008,11(2):311-325.

Clarkson C R, Mcgoven J M. Optimization of coalbed-methane-reservoir exploration and development strategies through integration of simulation and economics [J]. SPE Res. Eval. Eng. ,2005,8(6):502-519.

Clarkson, Christopher R. Production-data analysis of single-phase (gas)-methane wells coalbed[J]. SPE Reservoir Evaluationand Engineering,2007,10(3):312-330.

Crosby D G, Rahman M M, Rahman M K, et al. Single and multiple transverse fracture initiation from horizontal wells[J]. Journal of Petroleum Science & Engineering, 2002, 35(3): 191-204.

Elsworth D, Doe T W. Application of non-linear flow laws in determining rock fissure geometry from single borehole pumping tests[J]. International Journal of Rock Mechanics & Mining Sciences & Geomechanics Abstracts, 1986, 23(3): 245-254.

Golab A, Ward C R, Permana A, et al. High-resolution three-dimensional imaging of coal using microfocus X-ray computed tomography, with special reference to modes of mineral occurrence [J]. International journal of coal geology, 2013, 113: 97-108.

Groshong Jr R H, Pashin J C, McIntyre M R. Structural controls on fractured coal reservoirs in the southern Appalachian Black Warrior foreland basin[J]. Journal of Structural Geology, 2009, 31 (9): 874-886.

Guo R, Mannhardt K, Kantzas A. Characterizing moisture and gas content of coal by low-field NMR [J]. Petroleum Society of Canada. 2007, 46(10): 49-54.

Haimson B, Fairhurst C. Initiation and extension of hydraulic fractures in rocks[J]. Society of Petroleum Engineers Journal, 1967, 7(03): 310-318.

Hubbert M K, Willis D G. Mechanics of hydraulic fracturing: Tour[J]. Petroleum Technology, 1957, 501(6): 153-166.

Iwai K. Fundamental studies of fluid flow through a single fracture[D]. Berkeley: University of California, 1979.

Izadi G, Wang S, Elsworth D, et al. Permeability evolution of fluid-infiltrated coal containing discrete fractures[J]. International Journal of Coal Geology, 2011, 85(2): 202-211.

Jiang Bo, Qu Zhenghui, Wang Geoff G X, et al. Effects of structural deformation on formation of coalbed methane reservoirs in Huaibei coalfield, China[J]. International Journal of Coal Geology, 2010, 82(3-4): 175-183.

Karacan C, Ruiz F A, Cote M, et al. Coal mine methane: a review of capture and utilization practices with benefits to mining safety and to greenhouse gas reduction [J]. Int. J. Coal Geol., 2011, 86: 121-156.

Karakurt I, Aydin G, Aydiner K. Sources and mitigation of methane emissions by sectors: A critical review [J]. Renew Energ, 2012, 39(1): 40-48.

Li X F, Shi J T, Du X Y, et al. Transport mechanism of desorbed gas in coalbed methane reservoirs [J]. Petroleum Exploration and Development, 2012, 39(2): 218-229.

Liu H H, Rutqvist J. A new coal-permeability model: internal swelling stress and fracture-matrix interaction[J]. Transport in Porous Media, 2010, 82(1): 157-171.

Liu S, Harpalani S. Permeability prediction of coalbed methane reservoirs during primary depletion [J]. Int. J. Coal Geol., 2013, 113: 1-10.

Mostaghimi P, Armstrong R T, Gerami A, et al. Cleat-scale characterisation of coal: An overview [J]. J. Nat. Gas Sci. Eng., 2017, 39: 143-160.

Nie R S, Meng Y F, Guo J C, et al. Modeling transient flow behavior of a horizontal well in a coal seam [J]. Int. J. Coal Geol., 2012, 92: 54-68.

Nordgren R P. Propagation of a Vertical Hydraulic Fracture [J]. Society of Petroleum Engineers Journal, 1970, 12(4): 306-314.

Pan J, Wang H, Wang K, et al. Relationship of fractures in coal with lithotype and thickness of coal lithotype [J]. Geomechanics and Engineering, 2014, 6(6): 613-624.

Segura J M, Fisher Q J, Crook A J L, et al. Reservoir stress path characterization and its implications for fluid-flow production simulations [J]. Pet. Geosci., 2011, 17: 335-344.

Seidle J. Fundamentals of coalbed methane reservoir engineering [M]. Tulsa: Penn Well Books; 2011.

Selby R J, Faroug Ali S M. Mechanics of sand production and the flow of fines in porous media [J]. JCPT, 1988, 27(3): 55-63.

Snow D T. A parallel plate model of fractured permeable media [D]. Berkeley: University of California, 1965.

Tahmasebi A, Yu J L, Su H X, et al. A differential scanning calorimetric (DSC) study on the characteristics and behavior of water in low-rank coals [J]. Fuel, 2014, 135: 243-252.

Tao S, Wang Y B, Tang D A, et al. Dynamic variation effects of coal permeability during the coalbed methane development process in the Qinshui Basin, China [J]. International Journal of Coal Geology, 2012, 93: 16-22.

Vaferi B, Salimi V, Baniani D D, et al. Prediction of transient pressure response in the petroleum reservoirs using orthogonal collocation [J]. J. Pet. Sci. Eng., 2012, 98: 156-163.

Yao Y B, Liu D M, Che Y, et al. Petrophysical characterization of coals by low-field nuclear magnetic resonance [J]. Fuel, 2010, 89(7): 1371-1380.

Yao Y B, Liu D M, Xie S B. Quantitative characterization of methane adsorption on coal using a low-field NMR relaxation method [J]. International Journal of Coal Geology. 2014, 131: 32-40.

Yu J L, Tahmasebi A, Han Y N, et al. A review on water in low rank coals: The existence, interaction with coal structure and effects on coal utilization [J]. Fuel Processing Technology, 2013, 106: 9-20.

Zhaoping Meng, Guoqing Li. Experimental research on the permeability of high-rank coal under varying stress and its influencing factors [J]. Engineering Geology, 2013, 162: 108-117.